產業競爭分析專論

余 朝 權 著

東 吳 大 學 企 管 系 所 教 授
行政院公平交易委員會副主任委員

五南圖書出版公司 印行

作者簡介

　　余朝權，國立台灣大學畢業，國立政治大學商學博士，美國哥倫比亞大學博士後研究。現任東吳大學企管所教授、行政院公平交易委員會委員。曾任東吳大學商學院院長、東吳大學管理學研究所教授、會計學研究所所長，兼任考試院高普考典試委員、行政院主計處會計制度審查委員、國科會研究計劃複審委員。高考及格，曾獲呂鳳章先生紀念獎章、嘉新優良學術著作獎、教育部青年研究著作獎、特優教師、著有《現代行銷管理》、《創造生產力優勢》、《組織行為學》、《現代管理學》、《新世紀生涯發展策略》（五南版）、《人性管理》、《生涯規劃技巧》、《生涯智慧》、《競爭性行銷》（長程版）、《生產力系統》（商略版）等書及學術性論文三十餘篇。

《黃　序》

　　產業競爭情勢是企業制定競爭策略時的重要考慮因素。在目前競爭激烈的產業環境中，產業競爭情勢瞬息萬變，因此企業經營者必須重視產業競爭分析，也要知道如何進行產業競爭分析以及如何運用產業競爭分析的結果來協助制定企業的競爭策略。

　　本書作者余朝權教授是一位勤於研究、著述甚多的年輕管理學者。本書是他在過去九年間對產業競爭分析課題的研究心得，內容包括產業競爭分析之程序、產業分析之內容及情報來源、產業財務分析、產業成本分析、市場競爭情報來源、產業競爭強度分析、產業競爭地位之分析等等，已涵蓋產業競爭分析的主要構面，內容相當豐富。

　　本書對產業競爭分析的整體構面有一簡要的探討，但最具特色的是從企業個體的營運觀點來探討產業競爭分析的問題，對企業經營者而言，是一本非常實用的工具書，值得向工商業者鄭重推介。

黃俊英

國立中山大學企管所

一九九四年六月

新版序言

　　哈佛大學二位傑出的管理學教授勞倫斯（PaulR.Lawrence）與羅許（JayW. Lorsch）於 1967 年由哈佛大學出版社出版一本管理學上的重要著作《組織與環境》，奠定了現代組織必須因應環境的特性而作調整的權變觀念之基礎。而在 20 年後，於 1986 年該書再版時，內文亦未作多少變動，因為他們所提的觀念仍然是適用的，因此二位學者僅僅是加寫了一篇修正版的序言。

　　本書《產業競爭分析專論》於 10 年前出版，原意是做為管理學院、商學院或經濟研究所學子在修習相關課程時的參考教材，並不期望有多少讀者有興趣或有能力去閱讀它，因此作者以為出版之後，即可能絕版，頂多是在國立中央圖書館中存放一本罷了。

　　但是，出乎意料的是，本書卻能一再印行出版，而在出版商要求再次印行之際，作者本人一方面深感欣慰，一方面也想循哈佛大學二位學者之例，在原文未作大幅更動之下，寫一篇新版序言，以答謝讀者們的厚愛，同時也為臺灣產業在全球競爭環境中求取勝利之道略作解說。

　　這本論集為何會逐漸受到各界人士注意，推究其原因，乃是許多能體會競爭分析與產業分析之重要性人士，也加入閱讀本書的行列，其中比較特殊的族群有三類：

　　1. 程度較佳的管理、財務、經濟、會計等相關科系的大學生，也在大三、大四時期開始研習書中的分析架構、論點及分析

方法，期能貼切地掌握產業狀況，特別是其中的競爭法則。

2. 從事投資業務的從業人員，包括證券投資人士、創業投資人士、股票分析人士，也都開始參考本書架構及論點，做為評估特定企業之競爭優勢、競爭能力之工具。

事實上，作者也曾赴臺灣證券交易所演講一整天，為該所負責審查新股上市的同仁解說如何評估特定企業的現況與未來發展，以作為是否核准企業股票上市之參考。（雖然從證券市場發展的角度而言，任何企業在財務報表能充分表達之下，無論盈虧如何，均可上市，但就臺灣現況研析，個別投資人（散戶）仍占多數之下，適度保護投資人的政策，似乎也是不得不爾。）

3. 中大型企業的企劃人員、總經理室分析專員等，也開始注意本書的意涵，本人也曾赴各大企業講授相關論點，協助企業執行更縝密的策略規劃。

當代企業經營成敗的關鍵因素，乃是為企業訂定美好的願景（vision），並以適切的策略達成之。而策略規劃的基礎即是產業競爭分析。產業競爭態勢與時俱變，故企業需定期與及時檢視產業競爭強度，企業競爭地位與競爭優勢，並加強競爭資訊之蒐集。在本書再版之際，重新審閱原文，似乎毋須多作增刪，故僅贅數語如上，並將原序抄錄於次。

由於事隔十年，人事多有變遷，爰再補充說明於下：

作者於 1994 年卸下研究所長職務，旋不久於 1996 年被選任東吳大學商學院院長，2002 年獲聘為總統府顧問，並於 2004 年 2 月由總

新版序言

統任命為行政院公平交易委員會委員，並於4月至9月間兼任公平交易委員會競爭政策資料與研究中心主任一職，故多有機會接觸各國之競爭政策。而為本書題序的黃俊英教授，現任義守大學講座教授兼副校長。許士軍教授則於臺大管理學院院長一職退休後，轉任元智大學遠東管理講座教授。劉水深教授於擔任大葉大學校長多年後，目前轉任國立空中大學校長。高孔廉教授自行政院大陸委員會副主任委員退職後，轉任中原大學講座教授。幾位恩師都仍堅守學術崗位，令人感佩。其他恩師也都各有揮灑空間，如司徒賢達教授曾任政治大學副校長。而在我所任教的東吳大學，章前校長孝慈已辭世多年，新任校長劉兆玄博士正大力改善教學研究環境。在環境多變的新世紀，祝福臺灣及本書的讀者能對產業分析有更深入的了解，並在全球競爭中脫穎而出。

余朝權　謹序於
東吳大學企業管理系所
二〇〇四年九月十四日

自　序

《 自　　序 》

　　絕大多數企業在經營時，都必須掌握產業內的競爭狀況，進而瞭解自身所處的競爭地位與競爭優勢，才能據以擬定適切的競爭策略。因此，有關產業內的競爭分析與資訊來源，其重要性也就不言而喻了。

　　遺憾的是，在過去，僅有經濟學者站在整體產業乃至整體經濟的立場進行產業分析，以至於經營者、管理者或企劃人員常無法從中獲取足資個別企業參考的架構與資訊。而管理學者在研擬企業政策或策略時，亦常缺乏整體產業之資訊。這本論集正是要彌補其間的差距。以企業個體的經營為立論觀點，本論集試圖探討產業競爭分析架構、競爭情報及其重要來源、競爭地位、競爭瞭解度等攸關經營績效的論題，俾供企業增進其制定策略的能力。

　　除了企業界人士以外，證券分析人員、金融人員及相關人士，也宜利用本論集所提的內容，重新解析個別企業的營運，以作為投資、授信之參考。

　　這本論集從筆者到紐約哥倫比亞大學作博士後研究開始建構觀念，一直到實證研究與結果發表，總共歷時九年。人生沒有幾個燦爛的九年，因此，對我來說，它是相當重要的管理學術研究心得。在書成之際，我要特別感謝恩師國立中山大學教務長黃俊

英教授在教務繁忙之際，能抽空爲本書寫序，師恩浩瀚，永誌難忘。此外，也要特別感謝東吳大學章校長孝慈對學術研究的支持，使我能幸運地在良好的環境中埋首多年。我也要感謝多位恩師的教誨，包括台大許士軍教授、林煜宗教授、楊超然教授，政大林英峯教授、司徒達賢教授、高孔廉教授、中興郭崑謨教授，大葉劉水深教授等，他們教導我如何獨立從事學術性研究。東吳大學的師長和同事們，平日經常勉勵與切磋，也一併在此致謝。當然，我也要感謝國科會的研究計劃補助，以及各大企業主管的協助，因爲嚴謹的企業研究少不了要他們在百忙之中撥冗來探討此一兼具理論與實務的論題。最後，東吳會研所的師生和校友，在最近六年鄙人忝操所務時期，給我最大的精神支援，尤其是秘書廖淑敏小姐的盡心協助，使我能在繁忙的所務之餘，還能擠出一點空暇完成本論集，謹在此致最高的謝忱。

本書是相關領域的新嘗試，書中若有任何謬誤，自當由筆者負責，同時也敬請各方賢達不吝賜教（電話：02-3899835），是所至盼。

余朝權　謹序於

東吳大學商學院

黃序　　　　　　　　　　　　　　　　　　黃俊英

新版序言

自序

第一章　產業分析構面之探討 ————————— ————1

第一節　產業競爭分析之意義與重要性／3

第二節　產業分析之應用與研究範圍／8

第三節　產業分析之主要內容與研究目的／11

第四節　產業分析之情報來源／15

第五節　產業競爭分析之程序／16

第二章　產業財務分析要點 —————————————21

第一節　先歸類再研究財務差異／23

第二節　產業獲利情形／24

第三節　產業未來的獲利展望／26

第四節　獲利差異分析及原因探討／27

第五節　產業的風險性／30

第六節　資本結構與融資能力／32

第三章　產業成本分析━━━━━━━━━━━━35

第一節　成本的真意／37

第二節　掌握主要成本項目／39

第三節　影響成本的主要因素／42

第四節　優劣廠商之成本比較／49

第四章　偵測產業的慣性現象━━━━━━━━53

第一節　技術變動不大／56

第二節　對新事物接受速度不一／56

第三節　變動特質終多趨於穩定／57

第四節　企業變革潛藏各階層的抗拒／58

第五章　市場進入障礙之分析━━━━━━━━61

第一節　緒論／63

第二節　進入障礙理論／66

第三節　台灣汽車市場進入障礙之分析／75

第四節　台灣汽車市場吸引力與進入障礙之綜合分析／90

第五節　研究結果及管理涵義／98

第六章　企業界重視競爭情報━━━━━━━━109

第一節　掌握對手的目標與計畫／112

第二節　產品價格最受重視／112

第三節　營業管理方式不可忽略／113

第四節　脫離口號階段／115

第七章　企業競爭情報來源與其影響因素━━━━117

第一節　導論／119

第二節　理論背景／122

第三節　研究方法／127

第四節　競爭情報來源分析結果／134

第五節　影響競爭情報來源之背景變數／137

第六節　競爭情報處理者對來源之影響／161

第七節　結論與建議／168

第八章　產業競爭強度之分析━━━━171

第一節　導論／173

第二節　產業競爭強度理論／174

第三節　台灣產業之競爭強度／179

第四節　產業競爭強度之因素分析／181

第五節　產業競爭狀況對競爭情報來源之影響／184

第六節　結論與建議／188

第九章　競爭瞭解度之分析━━━━191

第一節　導論／193

第二節　理論探討／193

第三節　研究設計／196

第四節　各競爭情報來源與競爭瞭解度之分析／196

第五節　各競爭情報來源之重要性／222

第六節　不同競爭情報之主要來源／225

第七節　各競爭情報來源與競爭瞭解度之關係／225

第八節　結論與建議／229

第十章　企業競爭地位之分析與應用————231

第一節　導論：研究企業競爭地位之重要性／233

第二節　理論探討／234

第三節　研究假設／240

第四節　企業競爭地位之因素分析／241

第五節　競爭地位與情報來源之關係分析／246

第六節　結論／251

第十一章　競爭瞭解度與經營績效之關係分析————255

第一節　緒論／257

第二節　理論架構與假說／258

第三節　競爭瞭解度與經營績效之關係／261

第四節　台灣各類企業的競爭瞭解度／269

第五節　結論與建議／272

參考書目————275

索引————287

第 1 章

產業分析構面之探討

本文的目的，在廓清各種誤解，協助企業主管、管理學者、經濟學者和政府人士等瞭解產業競爭分析的意義與作用，並且能夠在實務上作適當的運用。

第一節
產業競爭分析之意義與重要性

產業分析或企業競爭分析又名產業競爭分析(Industry and Competitive Analysis)，是現代企業經營上不可或缺的一項管理工具或管理過程。任何人想要成立一家公司經營新的業務，或是任何企業希望推出新的產品，都必須進行產業競爭分析，俾瞭解該產業內各種相互作用的力量，並據以判斷新業務的投資或新產品的開發是否為一明智之舉。正在經營中的企業，也必須針對其所經營的業務與產品，分析其在產業市場上的競爭地位，並據以作成下一階段的經營策略、行銷策略、或競爭策略。如果缺乏適當的產業競爭分析，企業將無法制訂出適切的策略；即使勉強訂定了策略，其結果也將為企業帶來災難。

近年來，由於自由化與國際化的浪潮洶湧，社會經濟環境愈趨動盪不定，產業競爭分析的地位也日漸增高。許許多多的產業研究、產業調查、產業競爭分析報告紛紛出現，使吾人對各行各業獲得或多或少的瞭解。[1]然而，迄今為止，有關產業競爭分析的架構仍付之闕如，不僅有關的分析甚少，而且似乎未能受到學術界與實務界應有的重視。此種現象有如人人都需要吃飯以維持生存，但人類一直到吃了幾十萬年之後，才開始研究食物中的營養一樣。產業競爭分析在實務上已進行了數十年，甚至數百年，但是產業競爭分析仍然是未被深入瞭解、難以精通、以及未受重視的經營領域。少數分析書籍如何鄭陵(1987)，亦少探討分析架構。

　　本文的目的，即在廓清各種誤解，協助企業主管、管理學者、經濟學者和政府人士等瞭解產業競爭分析的意義與作用，並且能夠在實務上作適當的運用。同時，本文亦指出研究內容與分析程序、情報來源之意義與重要性。

一、產業分析的意義

　　顧名思義，產業分析乃是針對一特定的產業進行分析。傳統上，這類分析都是出諸總體經濟的觀點。(Scherer 1980)不過，站在企業經營者的立場，他所關心的「產業」到底是包括那些「範疇」或「現象」？他所希望的「分析」又包括那些項目？這些都必須加以澄清，以免引起混淆。

　　首先就「產業」一詞加以澄清。

　　一般所謂「產業」(industry)，乃是指正在從事類似的經營活動的一群企業之總稱。例如汽車業、製鞋業、資訊業、製藥業等，都是某一個產業，在該產業內的企業，都在從事與汽車、鞋類、資訊、或藥品等有關的業務。因此，學者Porter(1980:5)認為，產業係「一群生產具有很大替代性的產品之廠商。」不過，產業分析的內容，必須限定在相當類似或同質(homogeneous)的業務上，才能使分析的結果不致於無效(invalid)。

　　問題是，有很多企業是同時在經營不同的業務。例如某食品公司的業務包括：麵粉、飼料、油脂、速食品、養豬等項目，當我們在分析飼料業或油脂業或速食品業或養豬業時，絕不可以將該食品公司整個拿來分析，否則將造成分析的結果難以瞭解的情形。[2]

　　比較嚴重的問題，倒不是在這種多角化(diversified)企業的業務區劃上，反而是在一些看起來同質而實際上不同質的業務上。以汽車業爲例，製造卡車（貨車）的企業與製造大客車、製造小客車的企業，顯然在生產成本、顧客對象、行銷作業等各方面，均有顯著的差異；如果籠統地以車輛工業一詞涵蓋之，其分析結果將很難解釋小汽車、大客車、貨車的營運是怎麼一回事。因此，分析者必須將這些分開探討，方具實務上的意義與價值。

　　在管理實務上，當一企業從事不同的產品或業務時，常會將各產品（或產品線）等分別劃分開來，由不同的事業部門來負責。在管理理論上，一個具備獨特的生產、行銷、研究開發工作的產品或業務，可以用「策略性業務單位」(Strategic Business Unit，簡稱 SBU)一詞表示。(Byars, 1987: 17-19)產業分析的分析單位——產業，基本上是指這些分屬各企業的策略業務單位的總稱。

　　如果分析的單位太大，會使分析結果產生混淆，有如前述。同理，如果分析的單位太小，也會使分析的考慮範圍顯得太狹隘，以致於許多產業現象無法獲得適當的解釋。例如軟性飲料(soft drink)可細分成可樂、汽水、果汁等三類，汽水又可分成果汁汽水與非果汁汽水，果汁汽水又可再往下按其添加的果汁成份分成橘子汽水、檸檬汽水、葡萄汽水、葡萄柚汽水……等等。如果分析者想分析檸檬汽水的市場，將會發現其和其他果汁汽水很難區分，甚至和可樂、果汁等其他軟性飲料也很難區分。因此，分析者不宜單以檸檬汽水當作分析單位，而必須以較大的範圍替代之。

　　這麼說來，產業分析者(industry analyst)應該從何處下手分析

呢？最理想的方式是以一企業的策略性業務單位作為出發點，或是先以一產品線(product line)作為出發點，然後檢討各項有關因素，以判斷研究範圍太大或太小，再進一步決定應縮小或拓大研究範圍。

其次，分析者必須對一產品線所處的產銷階段作一明確的交待。一項產品由原材料（或零組件）的供應開始，一直到生產製造（或裝配）、代理銷售（或出口）、總經銷、中盤分銷、零售等，實歷經數個階段，才到達最終顧客的手上。同樣一項產品，愈是在產銷的後面階段，所涉及的營業額也就愈大，其所從事的行銷活動也有所不同，必須分開研究，才能獲得有效的結果。以前述小客車業為例，必須區分成小客車製造（工）業、小客車零售業分別分析。而單位售價較低的產品，其配銷階段也愈長，[3] 必須分成更多的行業來探討。例如糖果業就應分成糖果製造業（工業）、糖果批發業、糖果零售業等三個業別來探討，但因糖果的批發業者經常又從事其他食品的批發，且其行銷活動並無多大不同，故宜擴大為食品批發業而研究之，至於糖果零售業者不僅經常從事其他食品的零售，而且又兼售牙膏等日用品，故可能要以日用品零售業作為分析對象才算恰當。

接著要澄清「分析」一詞。

分析的原義是將一事物分解開來，再進行詳細的剖析，與合成(synthesis)的意義剛好相反。許多人因此認為，產業分析就是將與產業有關的情報臚列出來，或加上進一步的描述與解析即止。例如，分析表可以就生產成本、產能、銷售趨勢、廠址、料源、技術變動、政府法規、獲利情形等逐一描述，看起來似乎就像是在

做產業分析了。事實上，產業分析的工作尚不止如此而已。

　　產業分析除了要對一產業的歷史及現況作一番描述外，也要對其原因或影響作一番解釋與說明，更重要的是，這些解釋與說明，必須應用於對企業未來的影響作預測，才算具備管理上的實質意義。換句話說，產業分析基本上是要提供一些「歷史的教訓」(lessons of history)而不僅是「歷史事實」而已；是要供經營者作決策時的參考，而不僅是供經營者明瞭現況而已。

二、競爭分析的意義

　　所謂競爭分析(Competitive analysis)，意指對一企業的利益有影響的所有因素加以探索的過程。任何會從一企業搶走有價值的事物的潛在威脅力量或實質力量，都是競爭分析的內容或對象。[4]根據這樣的定義，任何與一產品產銷有關的市場因素、成本因素及技術因素，都構成了競爭分析的一部分，因為一產業的各方面都可能影響到一企業與其他企業競爭時的成敗。因此，競爭分析有時和產業分析(industry analysis)兩者之間在內容上很難區分。不過，一般而言，產業分析的目的有時是為了社會或政府，也就是提供一般社會大眾或政府決策者對一產業的瞭解，其分析角度是站在整個產業的立場(此點將在底下做進一步說明)。至於競爭分析則多半是站在一特定企業的觀點，看其所處產業內外的各項競爭力量對該企業的作用。我們可以粗略地說，競爭分析採取的是個體觀點，而產業分析有時採取的是總體觀點。

　　本研究將競爭分析視為產業分析的同義詞，並僅就與競爭關係較密切之因素探討之。若未特別述明時，文中所用「產業分析」

一詞，亦包括競爭分析在內。

總結而言，本文探討的對象(objects)，係策略性業務單位。若一企業包括數個策略性業務單位，則以其主要產品（策略性業務單位）為研究的範疇。

第二節
產業分析之應用與研究範圍

產業分析的意義與內容之所以會有爭議，部分係源於其作用或目的有別。在管理上，目的決定手段(objectives determine tools)。企業必須先確定做某一項活動的目的，然後才能決定該活動的內容為何。產業分析也可供不同的用途，故其內容深度也殊異。

在經營管理上，產業分析大致上有下列五種用途：

1.供策略計畫(strategic planning)之參考　當產業分析是為了此種用途時，通常必須要相當詳盡與深入。利用這種產業分析的人，一般都是企業的高級主管、事業部主管和行銷主管等，他們根據產業分析的結果或其預測，決定進入新市場、留在舊市場、退出舊市場、推出新產品、保留或淘汰舊產品、以及擬定合適的行銷策略、競爭策略等事項。

2.供年度計畫(annual planning)之參考　企業每年需為下一年度擬定短期的策略性與戰術性方案，此時必須參考產業分析的結果，其參考重點在於過去一年來產業發展的回顧與未來的展望。在年度中間，企業有時也要做一些季別修正，將年度計畫中對產業的預測發生偏差或忽略重大突變事件之處，予以重新考

慮，並據以重訂戰術及修正利潤目標等。

3.供特定決策(special decision)**之用**　這是在企業突然發覺新投資機會時所要參考的產業分析。例如台塑集團欲決定是否進軍水泥業、金融業或新聞業，就必須對這些產業分析。有時，企業在考慮購併其他企業或與其他企業合併(merger or aquisition)時，亦需有詳盡的產業分析可供參考。

4.投資機構之投資決策(investment decision)**之用**　投資銀行、金融機構、保險公司、員工退休福利基金、以及一般投資人，常需要產業分析資料以供決定投資方向。此時，擔任投資中介人及投資人本身，都必須進行產業分析，否則將無法協助投資人或自己來進行適當的投資。

5.供法院訴訟(legal affairs)**之用**　在美國，大企業一旦被控有反托辣斯(anti-trust)的企業行為時，必須向法院提供相關的產業資料，以證實自己的行為是無辜的。

　　產業分析的用途既然有上述五種之多，其所涵蓋的內容深淺及準備時間自然也會隨之改變。一般來說，供年度計畫用的產業分析內容較為詳細。除此以外，牽涉在訴訟與購併、投資決策中的標的物（產品或公司），其金額愈大，產業分析的內容也相對較為詳細。

　　不過，產業分析固然是因為不同的用途而準備的，各類產業分析之間，仍然有其共通之處。換句話說，所有的產業分析都應具備下列四個特性或取向：

1.競爭取向(competition-oriented)　所有的產業分析都是在強調競爭狀況的演變及其解釋和預測。有關競爭廠商之間的相對

優勢與弱點、市場占有率、顧客忠誠度等競爭狀況，以及競爭的強烈程度(intensity)或競爭性(competitiveness)等，乃是產業分析的重心。任何產業分析若是未就競爭狀況作詳盡的分析，則將無法供企業決策者或投資人參考。即使是在政府機構所編製的產業分析報告上，也必須對產業的競爭性（來自國內及國外的）作一番解析，否則將無法作為形成保護政策、開放政策、獎勵投資政策時之參考。本研究亦以此一取向為重點。

2.未來取向(future-oriented) 　　產業分析的重點是放在未來，而不是放在現在，更不是放在過去。產業分析的結果，通常是用來作未來決策之參考，因此，過去的產業歷史並不須給予太大的重視。例如某公司曾經獨霸市場十數年，此一產業歷史並不能幫助我們什麼。比較值得注意的，乃是產業分析也不是以現在狀況作重心。雖然產業分析根據的是過去到現在的產業演變情形，但分析者及使用者所關切的，乃是這些產業狀況在未來計劃或決策期間內將有何變動。例如我們在考慮小汽車業的產業分析時，不能只停留在對原有六家廠商之間的強弱，還要將數年後豐田（國瑞）與大慶、中華汽車的加入競爭後的情形作一番推測，才算具備決策參考的價值。

3.利潤取向(profit-oriented) 　　產業分析的結果，一定是以利潤作為最後的取向。在產業內所發生或即將發生的事件，如果不會影響到產業內各企業的利潤，則其重要性將大為降低。例如產業內某大企業在近年來數度更換經營者，但經營宗旨及策略並未改變，則此一產業事件固然可供茶餘飯後談助之用，但在產業分析內並無任何地位。至於在非營利性的產業內，此一利潤取向勢

須改為其他目標取向(objective-oriented)。例如學術團體可能爭取的地位、會員數，而許許多多的廟宇及教堂則在競爭教徒的人數等。

4.外界取向(external-oriented)　　產業分析對於影響一產業未來狀況的外在因素也相當關切。基本上，任何產業都會受到上、下游及相鄰產業的影響，同時也受到政府法規、社會、經濟、技術等外在環境變動時的衝擊。換句話說，所有的產業基本上都是一個開放系統(open　system)，因此，在從事產業分析等，也特別要注意影響此一系統的外在因素，才能對該系統的未來演變有所掌握。任何忽略系統外因素的產業分析者，都可能會患了「行銷近視病」(Marketing Myopia)。

　　綜合而言，本文所探討之產業分析，是以供策略計畫等重大決策之產業分析為探討範圍，因此，其範圍也相當廣闊。

第三節
產業分析之主要內容與研究目的

　　就一篇針對特定產業所作的產業分析報告而言，其所要著重的內容，將因為各產業的特性而定。我們經常會發現，在某一產業中屬於相當重要的因素，到了另一產業，可能就變得無關緊要。例如天氣中下雨的天數將影響冷氣機的銷售，但對其他大多數產業則無多大影響；同樣地，政府因素對汽車業有很大的影響，但其他開放競爭的產業則並不重視政府政策。因此，我們也不能規定出那些因素是所有的產業都必須重視的。

　　不過，上述的論點並非說明，我們無法決定產業分析的共通

□圖1:1　產業分析的主要內容□

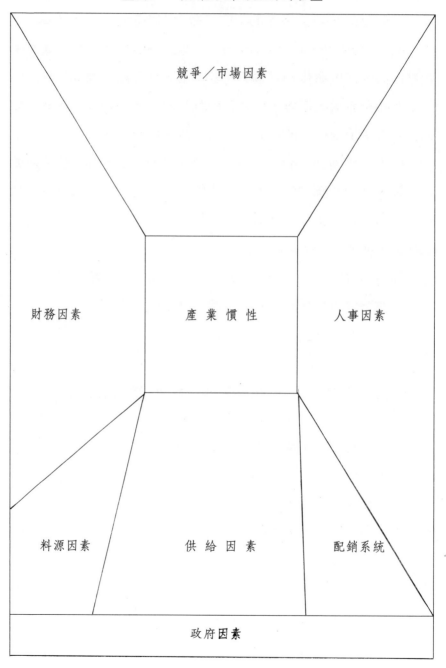

競爭／市場因素

財務因素　　　　產 業 慣 性　　　　人事因素

料源因素　　　　供 給 因 素　　　　配銷系統

政府因素

架構,而是指在經過分析後各項因素的重要性互有高低而已。站在一個特定企業的觀點,分析者必須就許多因素加以分析,然後才能判定那些因素對產業的影響力更大、更值得深入探索。這也正是本研究之主要目的。

有關一產業的主要情報,大致可用圖1:1[5]來顯示。底下扼要地說明各項因素之意義及所涵蓋之重要項目:

1.競爭／市場因素 此一因素主要在說明市場及其競爭特性,比較重要的分析項目包括:

(1)產業特性及顧客利益。

(2)顧客特性及其區隔。

(3)需求狀況。

(4)競爭狀況。[6]

(5)競爭廠商之相對地位。(余朝權,1991)

(6)競爭廠商之競爭策略。(許士軍,1986:498～507)

2.供給因素 此一因素主要在說明各廠商如何供應產品給市場上的顧客,主要分析項目包括:

(1)相對生產成本與生產力。[7]

(2)產能。

(3)生產技術。

(4)規模經濟與學習曲線。

3.財務因素 此一因素主要在說明各廠商的資金狀況及獲利能力,主要分析項目包括:

(1)獲利能力。

(2)融資能力。

(3)資金成本。

(4)流動性。[8]

4.人事因素　此一因素主要在說明各廠商的人力資源及其運用，主要分析項目包括：

(1)經營管理能力。

(2)勞資關係。

(3)勞力供應。

(4)經營哲學及經營壓力（來自股東、債權人及社會者）。

5.料源因素　此一因素主要在說明原材料或零組件的供應狀況，主要分析項目包括：

(1)各競爭廠商掌握之稀有資源。

(2)各競爭廠商與料源之關係。

(3)材料與零組件之供需狀況。

6.配銷因素　此一因素主要在說明各競爭廠商所採用之配銷系統，主要分析項目包括：

(1)各競爭廠商之通路關係。

(2)產業之配銷通路結構。

(3)通路領袖與權力。

7.慣性因素　此一因素主要在說明產業內之運作慣例及其改變障礙。（余朝權1989e）。主要分析項目包括：

(1)產業或市場進入障礙。[9]

(2)產業或市場退出障礙。

(3)有關各項變革之障礙，包括顧客移轉、供應商改變等。

8.政府因素　　此一因素主要在說明政府的法律、規定與政府對本產業的影響，主要分析項目包括：

(1)目前的法規與政策。

(2)未來立法與政策所帶來的威脅與機會。

上述這些因素彼此之間並非完全獨立無關，相反地，有些因素彼此之間的相關性可能甚高，在分析時無法不一起論列。例如：生產與行銷成本和售價的關係、技術與成本的關係、財務狀況與技術、成本的關係、最高主管經營哲學與價格的關係等，都可能相當密切。

綜上所述，對特定企業而言，產業分析之內容將有所不同，而研究之主要目的，即在於瞭解產業內之各種現象，如：

(1)詳細探討一般產業分析之主要構面。

(2)驗證不同企業所重視之情報內容亦有所差異。

(3)驗證不同產業所重視之產業特性亦有所差異。

第四節
產業分析之情報來源

與一特定產業有關的資料常常比比皆是，但是，這些資料並不一定有用。相反地，許許多多的產業資料經常只是一些無關緊要的數據或事件的描述。因此，在進行產業分析前，有必要對情報來源(information sources)作一番檢討。[10]

其次，有許多特定的產業狀況資料，相當難以取得。例如競

爭狀況及其方式、競爭廠商的生產成本與市場占有率和獲利力
等，都是構成產業分析報告中的內容骨幹，同時也是使用分析報
告的經營者及投資人最感興趣的情報，但這些情報經常無法獲得
正確或客觀的數字。

　　或許正由於這些問題，使得許多產業分析的深度及客觀性下
降很多。不過，如果經過仔細地規劃，產業分析者依然可以從眾
多合法的資料來源中設法蒐集到重要的情報，而不須要涉入非法
的產業間諜活動。

　　一般而言，由於各產業的重要性、變動程度及有趣與否等特
性各有不同，所以也會受到政府、公共報導業、投資機構及學術
界不同程度的注意，以致於現存的產業情報也有多寡之分。產業
分析者在一開始時，最好先瀏覽一遍現有的情報來源，特別是找
出前人所寫的產業分析報告或產業調查報告。對於那些已經存在
的情報，分析者大可不必花費精力去重複蒐集。

　　本研究之重要，乃是從效益(benefits)觀點，探討個別企業在實
務上如何獲得暨處理產業情報。至於獲取情報所涉及成本(cost)多
寡，常因各企業蒐集情報之能力而互異，故可不列入考慮範圍之
內，而僅就不同情報來源下之經營績效作探討。

第五節
產業競爭分析之程序

　　產業分析者在瞭解情報來源之後，並不能立刻就進行產業分
析工作，否則將使整個分析工作顯得雜亂無章。在實務界裡，由

於每一位管理者自己就是在某一個或數個產業裡，每日每時都可能接收到有關產業的情報，因而更容易養成重視產業分析程序的心理，以致於無法編製出適切的產業分析報告。這種情形正如人走入森林以後，就很容易產生見樹而不見林的現象一樣。

茲將產業分析的程序，列如圖1：2所示，共包括三個階段。

如圖中所示，產業分析的程序始於對產業分析目的之確認，此點已在第三節中加以說明。接著是界定產業的範圍或範疇，以免超出應有的範圍或是範圍太小；此點已在第二節中說明其界定方式。接著應成立分析小組，決定產業分析人員的數目、能力及來源。若產業所涉及的金額甚大，或是其在本企業經營範圍內所占的比重甚高，則產業分析人員的數量自需增加，其能力也要比較高強，有時還得從外界延聘專業人才來協助分析。

產業分析的期限也應同時訂定，以作為分析進度追蹤之參考。由於產業分析報告有其時效性，產業分析如不能如期完成，勢將前功盡棄，故時效之掌握不可不慎。

在下一階段，產業分析者應建立分析架構及情報內容，此點已在第四節中有所說明。根據此一分析架構及情報內容，分析者應確定產業情報的來源，然後才進行情報之蒐集過程。此時，分析者常須編製情報內容與來源表，以供往後重複使用。

情報蒐集過程與分析過程有時是不可分割的。產業分析者在不斷地蒐集情報之同時，也要對情報作一番整理、過濾，同時決定情報是否已經充分，以便考慮是否再繼續蒐集情報。

產業分析人員在最後一個階段，乃是就分析的結果作成一份完整的報告，將產業內的影響力量、變動趨勢一一作好分析及預

□圖1:2 產業分析程序□

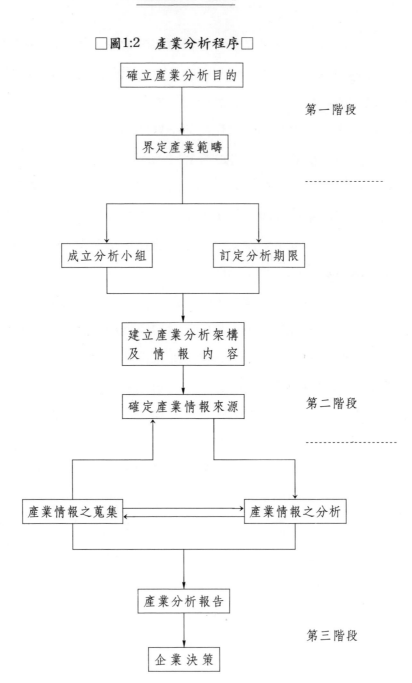

確立產業分析目的	第一階段
界定產業範疇	
成立分析小組　　訂定分析期限	
建立產業分析架構及　情　報　內　容	
確定產業情報來源	第二階段
產業情報之蒐集　　產業情報之分析	
產業分析報告	
企業決策	第三階段

測，並作成建議。而使用產業分析的人，尤其是高階管理者，則據以作成投資決策或競爭決策。一個簡單的產業分析過程於焉結束。

　　綜上所述，產業分析共包括三個階段。本論集即是以第二階段爲主要探討對象。又由於產業分析之目的決定了第二階段之實質內容，故在研究推論過程，常未能脫離其他階段而存在。因此，本文所探討之產業分析研究架構，乃是如圖1：3所示。

□圖1:3　產業分析研究架構□

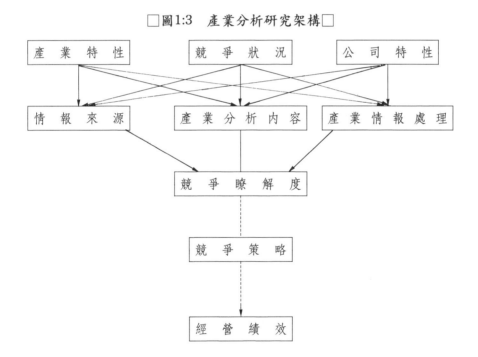

註　釋

1　國內從事產業研究的機構，包括各銀行、台灣經濟研究院、各大學經濟
　　與企管研究所、各證券公司等。

2　此處所舉實例，勉強可稱為「大宗物資(commodity)產業」。但大宗
　　物資業的涵蓋面委實過大。

3　影響一產品配銷通路長度(length of channel)之因素，可多至十
　　個以上，此處僅以銷售單價為例爾。其他因素請參閱余朝權
　　(1990b)。

4　此一定義係競爭優勢模式(prize-centered model)論者的說
　　法，因其涵蓋範圍較大，故採用之。參閱余朝權(1989a:28-32)。
　　至於Porter之論點，可參閱其專書Porter(1980)之第三章。

5　此一模型係哥倫比亞大學A. Oxenfeldt教授所提出者特此致謝。

6　競爭狀況亦可稱為「產業競爭強度（competiveness)」，有關分析
　　請參閱余朝權(1989b: 2-10)或本書第八章。

7　有關產業成本部分，請參閱余朝權（1989c）或本書第三章。生產力
　　部分，請參閱余朝權（1988）。

8　詳細內容請參閱余朝權，產業財務分析的五大要點，突破雜誌，第四十
　　六期，民國七十八年五月，頁一〇二～一〇五，或本書第二章。

9　特定產業之實證結果及理論探討，請參閱余朝權（1988b）。

10　有關競爭情報來源之探討，請參閱余朝權（1990a）。

第 2 章

產業財務分析要點

投資者在進行產業分析時，
若能參考本文提供的要項，
必能抓住財務面的重點。

大多數的產業分析均是以財務分析為主。然而，正由於一般產業分析中的財務資料唾手可得，反而不能彰顯其隱含的管理問題，而且也易令人忽略其他分析產業狀況的角度，諸如產業供需情形、技術、競爭等。

第一節
先歸類再研究財務差異

一般財務分析，均以平均數、中位數、標準差等來表示產業的財務狀況，但此種資料較適用於產業之間的比較，若是研究特定產業內的情況時，顯然還不夠精細充分。為了瞭解一產業的財務狀況，最好能夠先將產業內的企業稍加歸類，再研究不同類企業之間有何財務差異。

例如：可按企業規模，將企業分成大、中、小型，再分析其差異；或以各市場區隔內的企業作為研究單位，看看各市場區隔內的企業之財務表現如何；再者，也可以分析最成功與最不成功的企業，以觀察其差異。

將產業內企業作了進一步的分類後，即可針對較重要的財務問題逐一檢討。本文將討論的主題，包括下列五項：

1. 目前獲利情形。

2. 未來獲利展望。

3. 個別企業獲利差異及其原因。

4. 產業的風險性。

5. 資金結構與融資能力。

第二節
產業獲利情形

　　產業獲利情形，是進行產業分析時相當重要的分析項目。一般的看法認為，一產業若平均獲利情形不佳，則企業即應避免進入此一產業；無論是新投資案或併購案，都可能藉故取消，而原來即在產業內的企業，也宜設法趁早退出。

　　不過，產業分析所重視的，乃是利用產業目前的獲利情形，再參酌影響獲利的因素，來推估未來產業的獲利情形。因為未來的情形，才是決策的基礎，而目前的獲利情形，只是推測未來獲利情形的重要出發點而已。

　　一般說來，產業的獲利情形若相當穩定，則有固定的趨勢可循。因此，在可能的情況下，產業分析宜設法取得過去數年來的資料。雖然目前股票上市公司均會發佈每季的財務資料，不過，由於季別資料波動情形較大，不見得對整個趨勢的分析有所幫助，故最好還是以年度資料為分析對象。

　　在取得各企業的獲利資料後，分析家應該注意幾個資料編製的問題：

　　第一，查看各企業的會計處理方式是否有重大變動。例如在存貨計價上，有「先進先出法」、「後進先出法」之分，若企業改變其存貨計價基礎，則利潤數額即可能發生大幅度改變。

　　第二，注意有無營業外的鉅額收支，如匯兌損益、證券交易損益、出售資產、火災意外等。

　　第三，注意企業有無資產重估情形。

　　產業分析家所注意的獲利情形，應該是不包含上述三項調整在內的營業利潤。接著以此一營業利潤和總資產、淨值、淨值加長期負債和總銷貨額分別相除，以得出各種報酬率及銷貨利潤率。一般管理者及投資人對這些數字均頗感興趣。

　　產業分析尚可將一產業的報酬率或銷貨利潤率，拿來和「邊界產業」(boarder industry)及有關產業的數字相比。此種比較可用以推測新競爭者的來源。

　　例如：某一產業的報酬率高於其原料供應產業，則原料供應廠商即可能設法進入本產業；同理，一產業的報酬率高於下游產業（裝配業或銷售業），則下游產業也可能設法進入本產業。這些上下游或邊界產業本就具備若干進入本產業的條件，一旦受到較高的報酬率所吸引，自然會設法來分享利潤。

　　產業分析家也可將一產業的報酬率或銷貨利潤率，與整個經濟趨勢或較大的行業（如製造業、農、漁、牧業、公共事業）相比，以瞭解其與整個經濟的走勢是否相同。如果經濟趨於繁榮，而某一產業未隨之成長，而且有萎縮現象，則該產業的前途就值得更深入探討。

　　有時，比較的對象可能是相關產業，例如水泥業和住宅建築業及公共工程（營造）業相比；汽車零件業和汽車製造業及二手車銷售業相比；旅館業與航空業相比；軟性飲料業與啤酒業相比等。

第三節
產業未來的獲利展望

產業獲利能力展望是分析的重點，已如前述。產業分析最重視的因素：乃是未來的需求變動及競爭變動二者，對產業獲利情形的影響。有關需求變動情形，已在許多書中述及，此處不再贅述。至於競爭變動，將在下面作扼要的分析。

產業分析對競爭的探討，首重產業內企業家數的增減。家數增加，多半是該業有利可圖，欲分一杯羹的企業日眾，故競爭將趨於劇烈，產業獲利情形可能因而下降或惡化。反之，若家數減少，競爭可能趨於緩和，產業獲利情形可望改善，此一情形在成熟期產業較為常見。

競爭程度有時與家數無關，而與過去的競爭程度有關。例如某些產業曾經發生過劇烈的價格競爭，經過一段時期之後，同業均發現，過分對抗將使大家無利可圖，於是競爭程度下降，大家開始「合謀」（collude），走上聯合寡占之路（至少是走上良性競爭之路）。

不過，這一種轉變相當難以預測。任何一家企業為了擴張市場占有率或為了換取現金，都可能降價求售，並造成再度的價格戰，使產業內的企業平均獲利力大減。

一產業的上、下游廠商，其對本產業的談判實力，也對產業未來的獲利能力頗有影響。上游的資源供應者，包括原物料、零組件、資金、人力等的供應者，其談判力愈強，所要求的原料售

價、資金利息、人員薪資都將相對提高,使產業的利潤受到擠壓而減少。

同樣地,下游的製造廠商或中間商談判能力愈強,愈會要求較高的經銷利潤,或壓低產品的售價(出廠價),因而也會降低產業的利潤。

最後,技術變遷也會影響產業的獲利能力。新製程出現後,產業內的企業可藉之降低成本,若產品售價不隨之下降,產業的獲利能力自可增高。至於新製程或新設備所需要的投資額,可能相當龐大,因而迫使某些中小企業無力更新設備,以致相對成本偏高而喪失競爭力。

新產品的出現,對產業而言亦有相同的作用。推出新產品的企業,勢將攫取生產舊產品的企業之市場,使後者的銷量及利潤大減。因此,新技術的變動趨勢,也是預測產業未來獲利情形時所不可忽略的因素。

其他較重要的因素,尚包括:現有廠商的產能擴充或緊縮決策、政府稅率及法規的變動、利率的升降等。

第四節
獲利差異分析及原因探討

即使是最賺錢的產業,也有賠錢的企業;反之,即使是最不賺錢的產業,也有賺錢的企業。難怪有人說,沒有賺錢的產業,只有賺錢的企業。不過,根據前述分析,產業仍有興衰之分,管理者與投資人都要避免踏入需求漸減的夕陽產業,也要避免踏入

需求雖殷而競爭惡化的成熟產業。但是，一旦已經進入某一產業，或尚留在某一產業，即應設法經營得比同業為佳，而成為較賺錢或較不賠錢的企業。

　　產業分析家希望從賺錢的企業與較不賺錢的企業二者的對比中，瞭解該產業的獲利之道。同時要注意的，乃是這些最賺錢的企業，是否都一直是獲利最高的？如果去年最賺錢的企業，在前年並非最賺錢，再前一年又是最賺錢的企業之一，則該產業的動盪情形太高，值得進一步探索其動盪的原因。

　　根據各企業的獲利能力及其波動情形，可將一產業內的企業分成九大類（或四大類），如表2：1所示。

　　在產業內獲利能力較高者，乃是產業的贏家，它們可能是獲利一直很穩定的成功企業，也可能是獲利增加而竄起的新銳企業，或是獲利減少但仍然很高的老大企業。

　　在獲利能力中等的平凡企業中，包括：獲利尚穩定的平常企業（這是占大多數的企業）；還有獲利由相對較低回升的力爭上游企

□表2:1　按獲利狀況劃分企業類別□

獲利波動情形	在產業內的相對獲利能力		
	相對較高 （贏家）	中等 （平凡企業）	相對較低 （輸家）
獲利穩定	成功企業	平常企業 （大多數企業）	失敗企業
獲利增加	新銳企業	力爭上游者	振作企業 （力圖振作者）
獲利減少	老大企業 （往日不再者）	黃花企業 （漸走下坡者）	危機企業

業；以及獲利能力由相對較高下降爲中等的「明日黃花」企業。

在獲利能力相對較低的輸家中，包括：獲利一直很低的「失敗」企業、獲利雖低但有增加的「力圖振作」企業、以及獲利由中等轉爲較低的「危機」企業。

在這些企業當中，產業分析家通常選擇成功企業與新銳企業，來和失敗企業與危機企業相比較。比較的方式，是看這兩組企業的特性有那些差異。這些特性也即是一般所謂的「成敗因素」或關鍵性因素。

每一個企業的成敗因素均有不同，不過，成敗因素總不外乎下列因素當中的一個或數個：

- 生產力高、成本低
- 專業化，訴求於特定的市場區隔
- 品牌形象佳、顧客忠誠度高
- 品質較佳或較穩定
- 服務較佳
- 定價策略正確 (不一定較低)
- 技術領先
- 掌握配銷通路
- 適切的垂直整合
- 適切的財務槓桿 (舉債)
- 與政府關係良好
- 規模經濟

一般而言，成功的企業多半擁有一個到數個的成功因素。至於失敗的企業雖也可能擁有某些成功的因素，但在其他成功因素

上，一定有其致命的弱點。如果產業分析不能從上述因素中找到合理的解釋，則若非分析資料有問題，就是還有一些未列出的因素左右大局。

產業分析亦應試圖瞭解某一企業，如何從失敗企業力圖振作而變成平常企業，或由平常企業力爭上游而變爲成功企業。此種轉變趨勢也是企業決策者最感興趣的主題。

有些人認爲，只要模仿成功企業的做法，即可使企業的獲利能力提高。此一說法有時並不一定正確。例如在同一市場區隔中，成功企業可能擁有最高的顧客忠誠度，其他企業如欲從該成功企業手中搶走忠誠的顧客，事實上相當困難，絕非只表現得和該成功企業一樣好即可。

同樣地，若成功企業已掌握某一配銷網，其他企業也很難與之分享；成功企業所掌握的原料來源或堅強的管理陣容，也非其他企業所能輕易奪走。

第五節
產業的風險性

風險意指不利的經營成果出現之機率或可能性。不利的經營成果可能來自業務上，也可能來自財務上。來自業務上的稱爲業務風險，它可能是整個產業的需求，具有循環波動的特性，以致產業內所有企業都受到程度幾乎相同的影響；在產業繁榮時，每家企業都能獲利頗豐，而在產業蕭條時，幾乎大多數企業也都面臨虧損的窘境。

業務風險也可能來自替代性產業的競爭。由於替代性產業的勃興，本產業的業務受到影響而衰退。例如：鐵路運輸業受到公路運輸業及空中運輸業興起的影響；運動鞋業受到游泳、衝浪等其他毋需穿著運動鞋的運動興起之影響。

業務風險還可能來自政府的管制變動。例如：中東的石油公司可能被當地政府收歸國營；有些國家的產業受限不准外銷；受到政府保護的產業突然又開放競爭等。

至於來自於財務上的不利影響，稱為財務風險。財務風險可能來自固定成本太高、自有資金比例不足、資金來源不穩定等因素。產業的固定成本太高，在銷量突然下降時，可能立即虧損。產業的自有資金比例低，亦即舉債過多，在利率高漲時，企業之獲利能力將巨幅下降。

此外，資金來源不穩定時，一旦產業需要資金更新設備或從事研究開發時，將因資金不足而使產業的競爭力大減。例如：台灣銀行界習於「晴天借傘、雨天收傘」，對那些景氣不佳時借不到款項的產業而言，無疑是一項重要的財務風險。

有些風險並不存在於產業內的所有企業，而是發生在特定的企業上。例如：原料來源中斷、工人罷工、主要管理者集體辭職、機器故障、火災意外、產品品質發生致人於死的瑕疵、經營者突然生病或死亡等，也都會引發業務風險；而現金不足、借款未被金融機構核准、業務量突然下降等，也會引發財務風險。

研究產業的風險，一方面可用於預測未來產業的獲利能力，一方面風險本身就是投資人與管理者所關切的主題。風險愈高的產業，唯有在具有較高獲利的情況下，才有吸引投資者的能力。

否則，投資人將轉而投資較無風險的產業。

第六節
資本結構與融資能力

　　產業的資本結構，意指產業內各企業自有資金與借入資金之比率。產業分析家欲比較企業間的營運狀況時，可能要根據各企業的資本結構做一調整，才能做適當的比較。例如：一不舉債的企業與一長期負債達自有資金一倍的企業相比較時，即應將後者的利息支出加到純益上，連同稅金，形成「付稅與利息前純益」(EBIT)，以之除以自有資金和長期負債之和，再以此和前一家企業的同一比率相比，才能真正看出二者的營運差異。

　　其次，可藉資本結構看出各企業舉債經營的「槓桿作用」(leverage)。在利率低於資產報酬率時，舉債經營顯然較為有利，而且顯示出經營者的財務管理能力。反之，當利率高於資產報酬率時，舉債自是不利。

　　最後，資本結構或負債比率，還可顯示產業未來的舉債能力。負債愈多的企業或產業，在銀根（市場資金）較緊時，其舉債能力將大減。

　　一般而言，即使是最賺錢的企業，也要對外借入資金。有時候，正因為企業的獲利情形太好，企業更應借入較多外來資金擴充營業，並享受有利的財務槓桿作用(favorable leverage)。

　　不過，借貸的必要性是一回事，能否借到資金又是另一回事。產業分析家在瞭解一產業的借貸能力之後，即可據以預測未來產

業的擴充，是否會面臨資金不足的問題。

借貸能力大小，主要是看還債能力大小而定。此種情形恰如古諺所說的：「有借有還，再借不難。」企業唯有在至少能還得出利息的情況下，才可能找到願意借錢的債主。站在債主的觀點，企業能否還本付息，首先看能否付息，而付息能力可從「利息保障比率」(coverage ratios)看出。利息保障比率，即指企業在付稅與利息前純益(EBIT)除以利息的倍數或比率。倍數愈高，企業愈能償還債務（至少是債務中的利息）。因此，企業或產業的舉債能力，實與其獲利能力有莫大的關係。

一企業的舉債能力，有時是產業分析時的主要考慮因素。具體地說，當一企業考慮到購併另一企業時，很可能是看在後者自有資金比率較高，有能力借到更多廉價（利率較低）的資金，而購併者將可利用此一低利率資金來營運，產生有利的槓桿作用，提高整個集團的權益報酬率。反之，流動資金較多的企業，亦可能購併固定資產較多的企業，以提高獲利能力。

綜合以上的探討，企業目前的獲利情況，僅是作為未來的參考，而重點則應擺在差異原因的分析上。除了獲利以外，風險及資金結構（和融資能力）也有影響，前者影響到資金供應者所要的投資報酬率，後者則影響融資能力，並進一步影響獲利力。能夠掌握上述因素，則投資者在進行產業分析時，必能抓住財務面的重點。

第 3 章

產業成本分析

成本與需求是決定一企業或一產業獲利能力之主要因素。成本過高,即使市場需求強勁,企業或產業的獲利率也將受到影響。不過,成本是由許多不同的投入因素(input factors)所組成,在計算上相當複雜,而且資料也不容易收集。本文將從成本的各個角度,分析產業的成本,包括主要成本項目、影響成本的主要因素,以及優劣廠商成本的差異等,供有志於產業分析與競爭分析的企業參考。

第一節
成本的眞意

成本(Costs)乃是一經濟系統（企業或產業）從外界引進投入因素所付出的代價。如圖3：1所示，企業或產業從外界引進原料與零組件並耗用時，必須付出購貨成本。在購進廠房機器設備並加以使用時，必須付出相當於折舊的耗竭成本。在引進資金時，必須付出資金成本（即利息或股利）。在聘雇員工時，必須給付薪資。而在利用土地及他人服務時，也要付出租金或服務費。這是最簡單的說法。

從另外一個角度來看，成本基本上有兩大來源，其中一個來源是資源（投入因素）的耗用，如原材料、機器設備等。耗用方式又可分成一次耗用和長期耗用兩種，前者如原材料及零組件，後者如廠房、機器與設備等。一次耗用的資源若不具長期利益，則

□圖3:1　投入因素成本□

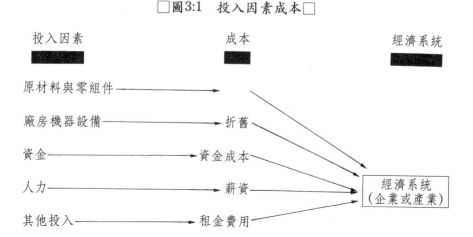

應一次就其購入價格計算成本，此即一般對於原材料及服務費用的處理方式。若一次耗用的資源具備長期利益，例如廣告費的支出具有遞延效果，則可分期攤提該筆費用。至於長期耗用的資源，如機器設備，亦按其使用或耗用年數分年列計折舊。而人力資源，亦可視為長期耗用的資源，但係按薪資契約計算成本。

如果資源引進後並不加以耗用，則亦須按時間計算其持有成本(holding cost)，這是一種機會成本的概念。換言之，如果引進的是資金，則應計資金成本(cost of capital)。資金成本可以是股東所要求的股利——此係自有資金成本，也可以是債權人所要求的利息——此係借入資金成本。如果引進的是土地資源，亦要計算其成本，情況之一是租用土地，則應付土地租金。另一種情況是購買土地，則此購買土地的資金已在資金成本中計算過，自然毋須再重複列計。

以上的資源耗用與成本關係，列如圖3：2所示。

此種以資源運用方式來計算成本的概念，與一般財務會計、稅務會計、工廠成本會計的計算方式，頗有不同，而與管理會計的概念較為接近。企業經營管理人員可按照此種觀念去運用其資源。許多管理人員並無此種成本概念，以至於其所計算出的產品成本，常有偏低之虞。

還有一點值得一提，許多管理者與經濟專家在論及成本時，多半只重視生產成本，而忽略行銷成本。

事實上，這是不正確的。根據上述資源運用的觀念，行銷成本應和生產成本獲得同等重視。在某些產業中，行銷成本的比重，有時還比生產成本來得大，例如化粧品業即是。

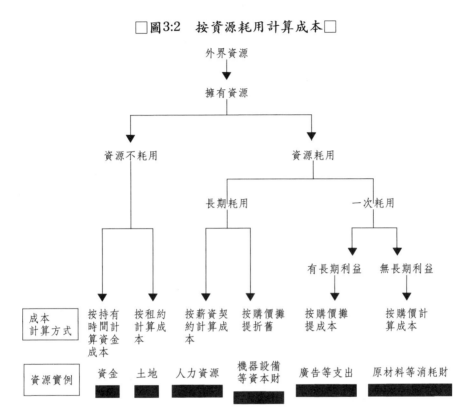

□圖3:2　按資源耗用計算成本□

第二節

掌握主要成本項目

　　每一個企業的成本都包括數百數千個成本細目，無法一一詳細探究。產業分析家必須擇其重要者來分析，才不至於迷失於資料堆中，浪費太多時間。

　　在針對各項成本分析之前，首先要做的工作是瞭解各項成本的編製或計算基礎。例如機器設備的折舊，即有平均直線法及加速折舊法之分，因此，同一部機器，在兩個採用不同的折舊方式

的企業內，各年即會顯示出不同的折舊額，使得企業的成本更難以比較。

　　產業分析基本上著重於比較不同企業間之「眞實」(real)成本。雖然各企業在運用不同的會計方法編製財務報表時，會得出不同的利潤數字。但是，唯有掌握了「眞實成本」對於未來的利潤才能有較正確的預測。

　　在瞭解各企業成本編製基礎後，產業分析家即應從各項成本中，設法找出重要(signifcant)成本項目。所謂「重要的成本」項目，不外乎符合下列條件中的一項或數項：

　　1 該項成本占總成本的比例較高。

　　2 該項成本在各企業間頗有差別。

　　3 該項成本會波動而非固定不變。

　　4 該項成本是否影響管理作法。

　　首先就該項成本占總成本的比例而言。比例太低，代表此項成本的數額不高，其利潤的影響力自然輕微。以廣告費爲例，一般消費品產業的廣告費均相當高，故值得探討，但在某些高科技產業、農產品業、漁業、牧業及若干原料產業，廣告費用相當輕微，自然毋須刻意探討，只需和其他推廣費用如促銷、人員推銷等合併探討即可。

　　相反地，如果該項成本占總成本比例較高，則宜單獨探討，而不宜與其他成本合併討論。例如在化粧品或其他奢侈品產業，廣告費用龐大，自不應與其他推廣費用併論。以化粧品業爲例，大多數企業靠廣告一較高下，而雅芳(Avon)公司卻以人員推銷起家。吾人只要從廣告費與人員推銷費用分列的探討中，即可看出

其差異。

　　其次探討該項成本在各企業間的差別。有些成本占企業總成本的比例雖高，但在各企業間，並無多大差別，因而毋須刻意去研究。例如在高科技產業中，主要電子原件如積體電路晶片，經常來自同一供應廠商，價格相同，故無深入探討必要。又如彩色映像管之於彩色電視機製造業、黃豆之於植物油產業、小麥之於麵粉工業、黃金之於銀樓業，均是比重高而無差異之成本，故毋須深入探討。次談成本的波動情形。成本若固定不變，則其重要性自亦下降。例如許多進口貨品；其進口稅捐一直不變，按數量或金額課稅，即使稅率甚高，亦殊無探討之必要。反之，汽車進口稅逐年下降，其對產業的影響就大。

　　最後探討該項成本是否影響管理作法。一項成本若不受經營者重視，僅視之為「必要之惡」(Necessary evil)，則其在經營管理上無足輕重，自不需深入去研究。例如大宗原料之運費，占原料成本比例相當高，運費也會隨運輸市場供需而上昇或下降，但是這筆費用實不得不花，故其重要性並不高。

　　分析成本項目時，固然可以從一般企業所採用的會計科目著手，也可以從前述投入資源或投入因素之分類著手。除此以外，產業分析家還可以從產業所執行的功能(functions)分類下手。

　　正如企業營運必須執行各項企業功能一樣，產業也是在執行這些功能：研究開發、生產、行銷、財務、配銷、服務、人事等。其中，除人事功能的成本多半可併入其他功能內計算外，其餘各項功能均值得分別探索。這些功能大致涵蓋一些較細的成本項目，如表3：1所示。

□表3:1　企業功能與所屬成本項目□

企業功能	主要成本項目
研究開發	研究費、設計費、開發成本、專利費
生　　產	原材料採購成本、製造人工、設備折舊
行　　銷	廣告費、促銷費、人員推銷費、零售店租
配　　銷	運輸費、倉儲費
服　　務	零組件成本、服務人工成本
財　　務	利息費用

　　產業分析家無論採用何種成本分類方式，總是要考慮(1)產業的特性及(2)資料是否能夠取得(availability)。在這兩項考慮之下，針對不同的產業，可能要用不同的成本分類方式，以確認較顯著的成本項目。

第三節
影響成本的主要因素

　　產業分析在確認主要成本項目之後，就應尋本溯源，找出影響該項成本的主要決定因素，以瞭解各企業控制成本的能力。

　　假定產業分析家利用資源耗用方式來劃分成本項目，則在探討其影響因素時，即可分別研究下列情形：

　　1.原材料與零組件：(a)研究企業與原材料產地的距離，距離愈近，成本可能較低；(b)研究供應商相對於企業的談判能力，能力愈強，成本愈高；(c)研究採購數量，採購量愈大，成本可能較

低。

　　2.機器設備等資本財：與1.大致相同的問題。

　　3.人力資源：(a)看地區的人力供需情形，需求愈高於供給，人力成本也愈高；(b)看特定類別人才的供需情形，需求愈高於供給，人力成本也愈高。

　　4.資金：(a)看當地的利率水準；(b)看各企業的信用程度。

　　5.土地：看企業營運場所所在地的地價。

　　不過，各項資源雖有類別上的不同，形成其成本高低的原因卻可能相似。這些原因當中，較重要者如下：

一、技術

　　第一，企業所採用的技術，不僅影響其成本的組成(composition)，而且影響其成本的高低。就同一產業而言，企業因採用的技術不同，可分為資本密集或勞力密集。例如汽車可採用全自動生產，屬於資本密集，也可以採用半自動生產，還有採用手工生產屬勞力密集者。愈是資本密集的企業，其固定成本也將愈高，其經濟規模(efficient scale)也可能較大。

　　理論上，每一個企業都想採用最新、最有效率的技術來從事生產，但在實務上，許多企業可能因舊設備尚未淘汰等因素，而被迫採用較無效率的技術。例如煉鋼廠的煉鋼設備及紡織廠的紡織設備，在設置之後即可使用幾十年，在這數十年之間，即使有新設備出現，舊廠將很難立即採用新設備。

　　其次，有些企業限於資金不足，無法引進最新設備，也就是無財力在初期作大量投資。此一事例，在開發中國家尤其普遍。

第三，還有一些企業在比較資金成本與人工成本之後，寧可選擇技術較低的生產方式，多用廉價人工。此在開發中國家亦很普遍。

最後，有很多企業在接受新技術的能力上較差，以致無法引用較新的設備或技術。以電腦爲例，用電腦輔助設計(CAD)與電腦輔助製造(CAM)的觀念與技術已問世十數年，能夠得心應手地運用的企業，仍屬少數。

二、投入因素價格

此點已在前面稍微述及。企業從外界引進資源或投入因素時，其談判能力互有不同，因而影響到投入因素的價格。例如：大廠可用低價購買較大量的原料，享受數量折扣。位於鄉鎮的企業，可用較低薪資雇用當地人工，但卻可能要用高薪吸引優秀管理人才或技術人才下鄉爲其效力。以卓越管理著稱的企業，也可用較低的薪資聘用相同能力的人才，信用良好的企業可享受較長的信用期間及較大的信用額度，因而降低資金成本。

除此之外，還有一些企業是運氣特佳，擁有豐富而廉價的自然資源，如產量豐富的各種礦場、森林開採權。還有一些企業則是運用腦力去獲取廉價的資源，包括訂定長期契約而獲得價格穩定的原料供應、或和日後享有盛名的運動明星或電影明星在其剛出道時即簽訂廣告合約或演出合約等。

三、生產力

生產力是影響成本的最主要因素之一。生產力最簡單的定

義，就是產出(output)與投入因素(input)之比率，亦即資源的運用效率。企業從外界取得材料、設備、能源、資金、與人力等投入因素，將之轉換爲產品或服務，也就是企業提供給外界的產出。如何以相同的投入去獲得更多的產出，或是以較少的投入資源去獲得相同的或較多的產出，正是所謂的提高生產力。

從成本的觀點而言，單位成本的高低，一方面在反映投入因素的採購價格多寡，一方面則是反映生產力的高低，因此，如何提高生產力，已成爲當前企業最重要的課題，即使稱之爲「當前企業救亡圖存的重要武器」亦不爲過。

不過，產業分析家欲比較各企業的生產力時，常會面臨情報來源不足的窘境。以最重要的整體系統生產力指標這一因素而言，在資訊業者只有 40%左右願意及有能力供給獨立研究者。而政府所發佈的統計資料，又僅限於直接勞動生產力，其參考價值相對較低。因此，當產業分析家是爲了特定企業而作服務時，其所能獲得的資料將更少。在這種情況下，產業分析有時應進一步追溯影響各企業的生產力之主要因素，如以生產力低落的徵候之有無、或以提高生產力之作法之有無等，來推估一企業的生產力。此點在拙著「生產力系統」一書（商略印書館出版）中已作詳細說明。

四、管理能力

企業的成本高低，總歸而言，可以用管理良窳來涵蓋大多數原因。除了先天上的資源價格昂貴以外，其餘莫不是管理者行動的結果。管理者決定企業所採用的技術、經營規模、採購來源與

訂貨方式、人員的選訓用留、乃至於企業對外的公共關係、廣告、對政府政策的影響等，莫不出於管理者的抉擇。

　　管理能力是無形的，但管理行動及管理者的哲學等，則常可以從過去的資料中找出，並據以推論一企業的管理能力。

五、作業規模

　　企業的規模愈大，愈有較多的機會來降低成本。一般人以為，大企業一定是成本較低，這是不正確的。一個浪費的、管理不當的企業，無論怎麼大，都不會就是成本最低，不過，其所擁有的降低成本機會，可能比小企業為多，包括：

　　——以廉價取得原料和生產設備。

　　——以分工來達成有效率的專業化生產。

　　——以自動化、機械化來取代人力生產。

　　——能達成有效率的最小生產規模，亦即規模經濟(Scale economies)。

　　在這些因素中，最後一項值得進一步探討。一般人都相信，在許多產業中，存在規模經濟的現象，如汽車的每一型產量應在十萬輛，即為普遍被接受的汽車廠經濟規模。但是，對特定產業而言，除了浸淫在該產業十數年的工程師知道此一規模為何以外，一般人常無法知道確定的經濟規模為多少。有時吾人固然可從各企業生產力的高低，去推估一產業的經濟規模，但其解釋能力仍頗為有限。因此，作業規模可用於推估企業的成本，但並非唯一的決定因素。

　　尤有甚者，現代科技發展的方向，使得經濟規模有下降的趨

勢。例如彈性生產系統，可使原來從事大量生產的工廠，同時生產數種產品型式，因而單就一種產品型式而言，其經濟規模可下降一半以上。

　　經濟規模現象除了影響成本以外，有時也因龐大的經濟規模須伴隨著龐大的投資額，使得潛在競爭者不敢輕易進入。這種進入障礙(Entry Barrier)是研究產業供給的重要因素。因此產業分析不可忽略經濟規模因素。

六、產能利用率

　　產能利用率也是影響成本的主要因素之一。產能利用率低時，固定設備的折舊費與所需投資的資金成本，必須是由較少的產出量來分攤，因而單位固定成本將偏高。隨著產能利用率的增加，產出量也隨之增加，故單位固定成本可以下降。

　　不過，產能利用率太高時，也可能引起變動成本增高的現象。例如為了提高產能利用率，工人可能要加班或在夜間工作，其工資將比平常為高。又如機器設備可能因產能利用率提高而無足夠的時間維護及保養，以致於縮短了機器設備的使用壽命，也會造成成本增高的現象。

七、垂直整合程度

　　垂直整合(vertical integration)意指企業除了生產產品之外，也從事原材料或零組件的生產工作（此即向後整合），或是兼做產品的配銷工作（此即向前整合）。當原材料或零組件的供應者擁有較多的談判能力時，企業如果已向後整合，則可掌握較低廉的原材料或零

組件；反之，若原材料或零組件的供應相當競爭時，其供應價格
將下降，以致向後整合的企業反而不利。

　　同理，有時企業自行配銷，可以免受中間商的剝削。若企業
的產品種類不足以自行配銷，則向前整合亦將使成本增高，不若
交由其他中間商來配銷來得有利。

　　產業分析家對垂直整合程度的探討，除了注意其對成本的影
響之外，也重視其對料源及通路的控制程度之影響。當企業能夠
控制料源時，不但不會發生短缺原物料的現象，而且產品品質也
將比較穩定（品質則不一定較佳）。同樣地，企業若能控制配銷通路，
也較能穩定地向市場供貨，而不會發生產品堆積如山卻無處擺售
的窘境。例如台灣三富汽車採經銷商制度，在1985年間，生產廠
商曾與舊經銷商決裂，以至於市場供貨中斷；而裕隆汽車於1988
年與總代理商國產汽車分手時，亦造成銷量銳減及單位成本提高
的現象。

八、人事哲學

　　企業用人基本上有兩種迴然不同的哲學，一為按銷量高低來
決定產量高低，並增減工人；另一為不按銷量而按預訂計畫生
產，而且不裁減員工。前者在短期內可使單位成本保持在較低水
準，長期則因裁員與新聘員工所需費用而可能使成本偏高。反之，
後者將使短期成本偏高，但長期成本則較為穩定。

　　一般而言，若產業的市場需求量長期呈波動而不穩定的現
象，自宜按銷量決定產量及用人多寡，以免負擔太多資金積壓及
冗員過多的成本。例如生產聖誕禮品的企業，在聖誕節前後，將

不生產產品，故其員工宜多雇臨時工人。又如農產多具季節性，故亦宜在農忙時期加雇工人，平常則維持較少量的工人。

　　相反地，若產業祇是因短期內需求不穩定，而長期需求相當穩定，此時企業宜長期雇用工人，不宜因短期供需失調而增減工人。

九、綜效

　　企業在現有產品外，增加新的產品時，多半是爲了獲得綜效(synergy)，亦即利用現有的技術、產能、人力、通路、企業形象等。例如公司自行配銷產品，若新增的產品可利用相同的配銷網，顯然原有產品的配銷成本將可因分攤而下降。

　　因此，產業分析在探討一企業有無綜效時，宜將該企業的所有產品檢討一番，而不是只看隸屬於該產業的產品而已。

　　根據上述影響成本的因素及其他可能的因素，產業成本分析即應探討：(1)產業內各企業的成本是否有變動；(2)是那些成本項目在變動；以及(3)變動的原因。只要對這些影響成本的因素在未來可能的發展作一番預測，則產業內各企業未來的成本也將可推測出來，進而可和產業需求狀況相結合，從而計算出企業未來的獲利能力。

第四節
優劣廠商之成本比較

　　產業分析在瞭解產業內各企業的成本互有差異之後，事情並

未結束，因為成本的高低有時代表產品的品質高低，故不能就此推論成本低的企業一定獲利較佳。

最好的分析方式，乃是將最成功的企業與最不成功的企業兩者之成本結構作一比較，根據其間的差異來推估成功的企業是靠那些成本差異而獲得成功的。

一般而言，成功的企業，其成本多半較低，而且隨著時間而有逐漸下降的趨勢。但是，有兩種成本則不一定與企業的獲利能力呈反比，其一是研究開發成本，其二是行銷成本。

在重視產品創新的產業裡，如高科技行業，成功的企業往往是投入最多研究開發費用的企業。此類企業若不創新，舊產品隨時可能被淘汰，故非要靠大量的研究開發成本，不斷地創新不可。其次，有些產業特別重視行銷活動，亦即行銷工作遠比生產工作來得重要，此時，若企業投入過少的行銷成本，往往無法拓展出足夠的銷量，因此，在產業內成功的企業，可能有較高的行銷成本。這些都是分析人員在解釋成本差異時，要特別注意的。「成果決定手段的適切性」，這句話在探討企業成本差異時最為適用。雖然這種對過去的分析難免有「事後之明而非先見之明」之譏，但是鑑往以知來，在企業間的成本比較上，除了極少數的技術重大突破發生外，往往還算相當可靠。

當然，有一點是一定要注意的，即成本只是決定企業獲利能力的因素之一，故在分析企業成本時亦應兼顧其他因素（如供需狀況）對獲利能力的影響力。在極少的情況下，獲利高的企業可能成本偏高，但卻攻進了一個被其他企業所忽略的高價位市場區隔；此時，該企業若能降低C成本，其獲利能力將更形增加。

第 3 章　產業成本分析

　　站在個別企業的觀點，如能瞭解整個產業的成本狀況，加上對自身的成本之考量，將可對企業的競爭地位及其獲利性，有較深入的掌握。本文從兩個角度探討成本的眞義，並指出關鍵性成本項目方爲主要研究對象，接著分析影響成本的因素，最後則強調分析優劣廠商之成本。企劃人員若能對此有深入觀察，則產業成本分析必能作爲企業決策之主要依據。

第 4 章

偵測產業的慣性現象

許多產業長期來並沒有多大
改變,其背後造成的因素相
當複雜,值得深入探討。

促使產業變動的因素雖多,但許多產業似乎長期以來都未改變。例如在十年前或二十年前,台灣水泥、台灣化纖、南亞塑膠、大同、裕隆汽車、永豐餘、國泰建設,即分別是水泥、化纖、塑膠、電機、汽車、造紙、營造等產業的最大廠商,二十年後依然如此。他們的工廠位置並無多大改變,產品也相同,連配銷系統都沒有改變多少。換言之,產業有求變的一面,也有安定的一面。

　　許多產業之所以沒有多大改變,其背後的因素相當複雜。附圖所顯示的是產業慣性形成圖,以四種因素來解釋產業的穩定性。

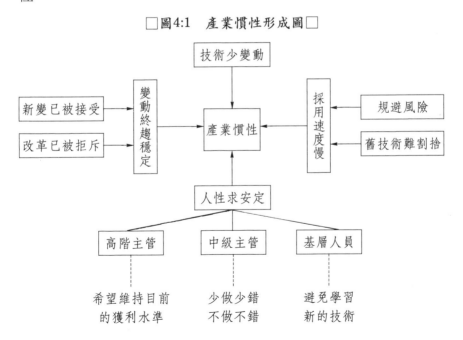

□圖4:1　*產業慣性形成圖*□

第一節
技術變動不大

第一種解釋是技術變動不大。雖然我們看到光纖、雷射、核能、微電子、生物科技等產業的技術日新月異，進步的速度一日千里，但是像食品、成衣、住宅、飲料、家具、運輸等產業，近一、二十年來並無太大變化，真正發生革命性變化的產業，仍屬少之又少，僅有電腦、電信、電子等算是有較大的變化。

第二節
對新事物接受速度不一

第二種解釋是人對於新事物的接受速度不一。新產品與新製程出現後，顧客及企業都可能要等上一段時間才接受它們。站在採用者的立場，這是一種「採用過程」（Adoption Process），亦即有人很快接受新事物，有人很慢才接受新事物，而大多數人則是不快亦不慢地接受新事物。

企業與產業也是如此，新製程出現後，並非每一家企業的經營者都能賞識其進步，他們要等到別的企業都試用過且證明確實好時，才會跟著採用。因此，變動的步調也就減慢了。

還有一個解釋是經濟上的。新製程出現後，企業已在使用舊機器和舊製程。如果他們逕行換用新機器，損失可能很大。例如煉鋼廠，設備一旦購置，很少會在中途撤換的。因為設備價值過

高，廢棄不用勢必帶來鉅額損失。

　　其次，許多新產品上市初期價格甚高，其使用成本不見得低廉。例如電腦在二十年前價格昂貴，當時一百萬美元的電腦與目前不到一萬美元的個人電腦，功能相同，價格卻相差一百倍以上！因此，在二十年前即購置電腦的企業，是否在經營上一定較有效率，答案仍是一個未知數。

第 三 節
變 動 特 質 終 多 趨 於 穩 定

　　第三個解釋是變動的特質最後多趨於穩定。有些經濟現象的變動是愈演愈烈，例如通貨膨脹時，一般人民預期未來物價將持續上漲，以致物價上漲之勢愈發不可收拾。又如台灣台幣匯率從 1986 年下半年開始升值，在 1987 年上半年即因社會預期心理及套匯、保值作法，使得台幣兌美元由 39 元兌 1 美元升爲 34 元，再升至 30 元，1988 年底則升至 28 元，1989 年已升至 27.7 元。

　　不過，這種具有「累積」(Cumulative)作用的變動較少。在產業內的一般變動總會逐漸「收斂」，最後歸於「均衡」、「穩定」狀態。新的產品、價格、制度、方式一出現，代表的是「變」，一旦被大家所接受，就會持續一段時間，於是又成了「穩定」的局面。

　　第四個解釋也是最基本的解釋，是從人性求安的觀點而言。企業內的人士，上高階決策人員，中間包括行銷、生產、財務等各功能部門人員，下至作業階層的操作員及辦事員，都有可能「只求安穩、不求新求變」。

第四節

企業變革潛藏各階層的抗拒

　　首先探討高階決策人員。有些高階人員極力求新求變，他們密切注意其他國家相同產業的發展，或是國內其他產業的發展，希望能夠有所借鏡。他們不怕改變、視改變爲一項挑戰或責任。

　　不過，也有許多高階決策者只求安定。他們認爲目前的獲利情形已經很令人滿意，最好是繼續維持下去，不要做任何變動。因此，產品不能改、價格不能變、廣告不能減、人員不能增，一切都以維持原狀爲最理想。

　　有時，高階人員雖有心求變，卻面臨來自中階層主管的抗拒而無法改革。中級主管多半負責各個功能部門，有些固然也力求改革，但也有些只求安定，他們希望用舊的生產方式、會計方式、促銷方式，而不想採用電腦來輔助生產(CAM)或設計(CAD)，用電腦來記帳、用新的廣告表現。他們的心理是消極的：認爲「多做多錯，少做少錯，不做不錯」，害怕改變舊的做事方式會帶來失敗。

　　同樣地，在基層人員方面，採用新的做事方法，代表他們舊的技能已經落伍，必須重新學習新技能，而能否學好則是一個未知數，因此他們會抗拒改革。其次，有些節省人力的改革，如電腦化、自動化、機械化等，會誘發企業裁減員工的意願，爲了保住飯碗，他們也會抗拒改革。

　　綜上所述，企業的變革，基本上潛藏著各階層的抗拒。如果環境的威脅力量不是甚大，企業內各階層人員未感覺到「存亡續

絕」關頭已經來臨，則企業的變革也並不容易。這種企業或產業的「抗變」力量，總加起來就是產業維持原狀的主要因素。

第 5 章

市場進入障礙之分析

企業唯有不斷地成長，才能
吸引留住優秀人才，並維持
其生存與競爭的活力。

第一節
緒　　論

一、研究問題說明

大多數的企業將「成長」(Growth)列爲公司重要目標之一，希望其營業額、利潤、市場佔有率、或規模能夠逐年成長增大。這種成長的欲望，一部分源於管理者對權力與聲望的追求，因爲企業逐漸擴大其規模時，管理者的權力與聲望也多半隨著水漲船高。成長的欲望有時是爲了應付股東的要求，因爲股東希望公司將盈餘的大部分從事再投資(Reinvest)，以便享受資本增值的利益。不過，就高度競爭的產業而言，成長的理由主要還是爲了生存(Survival)，企業唯有不斷地成長，才能吸引及留住優秀人才，並維持其生存與競爭的活力。

無論企業是爲了何種理由而成長，可能採取的策略之一，是在現有市場上進行市場滲透或發展新產品，這是一種和現有競爭對手直接或間接對抗的作法。如果企業捨棄這一種作法，就得轉移到新市場上去。此時，該企業將變成一個潛在的進入者(Potential entrant)，俟機進入一個尚未開拓的市場。而在該新市場內的既有廠商，爲了保障自己的市場和利益，也將紛紛設立或強化「進入障礙」(Entry Barriers)，以期阻擋潛在競爭對手進入自己的市場。

扼要地說，市場內既有的廠商相當重視「進入障礙」，期能保護既得利益；而另一方面，潛在的競爭對手也相當重視「進入障

礙」，期能衝破藩籬而分享利益。由於每一企業不是扮演市場保護者的角色，就是扮演潛在進入者的角色，因而瞭解「進入障礙」遂成為各企業經營上重視的焦點。本文的目的之一，就是對形成「進入障礙」的各項因素，進行深入的探討與分析，俾使讀者對此一受國內忽略的策略性構念有所瞭解。

本文的另一個目的，則是以台灣市場上的小汽車產品作為研究對象，分析其進入障礙，一方面在於進行有關進入障礙在一特定市場上的實證研究，同時也讓政府與企業界有關人士及單位能夠進一步瞭解台灣汽車市場的結構特性，並據以為擬定政府政策或企業策略時的參考。

二、研究範圍

本文係以台灣小汽車市場作為研究範圍。

汽車工業是一個相當重要的產業。由於汽車製造過程所需的資產相當龐大，加上其使用的零件多達一萬餘種以上，因此其產業關聯效果相當顯著，其發展情形自然對國家的總體經濟有極大的影響。若純就汽車公司的營業額言，其金額也相當驚人，以世界上最大的汽車公司美國通用汽車(GMC)為例，其在1984年總銷售額高達 746 億美元，遠超過大多數開發中國家的國民生產毛額(GNP)，其重要性實不言可喻。

台灣汽車工業在政府保護政策下，三十年來一直呈穩定成長。台灣本地自製汽車始自 1947 年，是年裕隆汽車公司生產了 77 輛小客車。到了 1979 年，國產小汽車產量已達 11 萬輛以上。截至 1986年，年產量已達17萬輛，其產值占國民所得毛額的比重也相

當大。

　　不過，迄今爲止，國內汽車製造業已逐漸形成一種矛盾現象。一方面是汽車廠家數已增爲八家，即除原有的裕隆、福特、三陽、羽田、三富、中華等六家仍在繼續生產之外，尚有國瑞與大慶兩家汽車廠之汽車即將上市。在台灣這一個小小的市場上即有八家汽車廠競爭於其間，較諸世界其他已開發國家而言，似乎是太多了一點。另一方面，台灣汽車的零售價格一直居高不下，似乎又是政府刻意保護的結果，使得潛在競爭者躍躍欲試。換言之，從進入障礙的觀點而言，過多的廠家與過高的零售價乃是一個矛盾的現象，值得吾人進一步深究。

　　綜合而言，本研究選擇台灣汽車市場作爲研究範圍，一方面是基於該市場的重要性，一方面則是基於兼具理論驗證的功能。

三、研究設計

　　本研究基本上是屬於探索性研究(Exploratory Research)，亦即對台灣汽車市場的進入障礙作一初步的探索。其次，本研究也具備敍述性研究(Descriptive Research)的特質，也就是在研究過程中，利用實際的資料來進行實證分析，而非一般性論文純從規模性觀點來探討問題。

　　本研究所採用的資料，主要是政府所發佈的產業資料、各公司的公開說明書或年報、以及報章雜誌對汽車市場的報導。由於本研究是綜合產業分析(Industry　Analysis)與競爭分析(Competitive Analysis)等兩種分析方法，而且並未以匿名方式出現[1]，爲了維持資料的客觀性，故儘量不採用內部情報[2]。

其次，由於台灣汽車市場內的廠商家數不多，本研究所作的分析，也以絕對數值和百分比爲主，而不須涉及其他統計分析技巧。此外，計量經濟方面的方法，也因母體太小而不予以援用。

最後，由於進入障礙可能有動態變動過程，因而本研究將分兩個階段進行研究。第一階段係在1984年底前台灣汽車市場之分析，至於85年以後之資料，僅供參考用。第二階段則是在國瑞與大慶兩公司投入生產及銷售後，市場進入障礙的可能變化之分析。

第二節
進入障礙理論

本階段首先就進入障礙的名稱、意義及其重要性稍做說明，其次才探討形成進入障礙的各項因素或力量，同時評估該力量的強度。

一、進入障礙的意義

「進入障礙」(Entry Barriers)泛指所有阻撓或妨礙潛在進入者進入一特定市場的結構性因素。哥倫比亞大學副教授哈里根(Harrigan 1985:12)稱之爲「使廠商不願意到某一似乎有吸引力的產業（或一產業之利基）去投資的力量。」[3]此種力量或因素有時稱爲「進入的妨礙物(Entry Deterrents)」(Gorecki 1976)。

學者們通常認爲，凡是進入障礙很高的產業，長期而言都是比較有利可圖的。(Bain 1956)正因爲這一類的產業有利可圖，所以

在此產業周圍的企業，也就紛紛想設法進入該產業。這些想要進入的企業，稱為「潛在進入者」(Potential Entrants)，相對於既有的企業(Incumbents)，它們都是「潛在競爭者」(Potential Competitors)。

　　潛在競爭者可能來自四類企業；

　　(1)上游供應廠商，包括供應原料、零組件、半成品、或成品的製造廠商或中間商。

　　(2)下游廠商，包括購用或承銷本產業產品的製造廠商或中間商。

　　(3)提供類似產品給相同顧客或中間商之廠商。

　　(4)使用類似技術而產品不同的廠商。

　　這四類潛在競爭者可能採用的進入策略，略有不同，如表5：1所示。

□表5:1　潛在競爭者及其可能採取的進入決策□

潛　　在　　競　　爭　　者	運用的進入策略
1.上游供應廠商(包括供應原料、零組件、半成品或成品的製造商或中間商)	向　前　整　合
2.下游廠商(包括購用或承銷本產業產品的製造廠商或中間商)	向　後　整　合
3.提供類似產品給相同的顧客（或中間商）之廠商	水　平　整　合
4.使用類似技術而產品不同的廠商	水　平　整　合

　　第一類廠商可運用「向前整合」(Forward　Integration)策略而進入該產業；第二類廠商則是運用「向後整合」(Backward Integration)策略進入該產業；而第三和第四類廠商則是運用「水平整合」(Horizontal Integration)策略進入該產業。

對於這些潛在競爭者的環伺，既有廠商唯有依賴進入障礙的設置與強化，才能阻止潛在競爭者順利進入市場。而潛在競爭者也必須評估這些進入障礙的高低，當進入障礙過高時，克服這些進入障礙的成本可能會高於成功地進入市場後所獲得的利益，因而得不償失。(Bass, Cathin and Wittink 1978)這種得不償失的情形，以策略的術語來說，意指市場機會的「策略窗口」(Strategic Window)已經關閉，而該市場已失去進入的價值。因此，瞭解進入障礙的特性，有助於瞭解策略窗口的關閉。(Abell 1978)

反過來說，企業若能瞭解障礙的作用，在付出代價或是順利進入一市場之後，也可以回過頭來強化進入障礙，以隔絕強有力的新競爭者滲透進來。

綜合而言，進入障礙成為所有企業關注的變數之一。即使是暫時處於獨占狀態的廠商（例如由政府經營的專賣公賣事業），也都必須檢討其進入障礙的高低及其變動情形，才能作出適時的因應而不致於驚訝競爭者的出現。

二、形成進入障礙的因素

形成進入障礙的因素或力量，隨各產業之不同而異。例如在市場剛出現不久，亦即在產品生命週期初期，最大的進入障礙可能在於技術的創新與突破，凡是無法在產品科技上有所突破的潛在競爭者，只好望著美好的市場興嘆。而在成熟的產業或市場上，進入障礙可能轉變為既有廠商擁有成本較低、掌握行銷通路與零售出口(Outlets)等因素。不過，無論如何，吾人可將這些因素大致

分成下列四類：

　　1.技術因素　　即既有廠商在產業中浸淫一段時日後，所獲得的營運經濟(Operating Economies)優勢。

　　2.結構因素　　指既有廠商對市場需要之供給情形及各既有廠商之相對地位。

　　3.政治因素　　指既有廠商所獲得的政府支持與保護的程度。

　　4.經濟因素　　指經濟景氣變動或物價變動所形成的力量。

　　底下就這些因素作進一步的探討與分析。有關各項進入障礙之構成因素與衡量指標，如表5：2所示。

　　在技術因素方面，第一個會形成進入障礙的指標是「最小經濟規模」(Minimum-Efficient-Scale, MES)。許多產品的生產技術常常具備最小經濟規模，在此一規模以下的生產方式，會使生產成本提高。例如在製鞋業方面，即有此種現象。(余朝權　1984) 若一產品或產業的最小經濟規模增大，則進入障礙也會隨之增大，這是因為新進入的企業很難在短期間內獲取足夠的銷售量，因而無法完全充分發揮產能所致。

　　第二個指標是投資額。一產品或產業所需的投資額若較大，一般中小企業或投資人自然無法取得足夠資金來進入該市場，因而構成進入障礙(Asch　1983)。例如石化工業的投資動輒數千萬美元，故無多少企業有財力進入。(Bain 1956)

　　第三個指標是研究發展費用。研究發展費用高，代表該產業的產品技術(Product Technology)或製程技術(Process Technology)不斷在提高。潛在競爭者如欲順利進入該產業，自亦須花費龐大的研

究發展費用，來獲取新技術。因此，研究發展費用若較龐大，亦
將構成一項進入障礙。(Kamien and Schwartz 1975)。

　　第四個指標是資本對勞動的比率，也就是每人資本額。每人
資本額低，代表此產業所使用的資本設備較少，是勞力密集產業，
潛在競爭者常可因發現更好的設備而進入該產業，並以較低的成
本進行生產。反之，若一產業原有的資本密集程度已經很高，代

□表5:2　　進入障礙因素及其指標□

進入障礙的因素	指　　　　　　　標
(一) 技　術　障　礙	1.最小經濟規模。 2.投資額。 3.研究發展費用。 4.資本對勞動的比例 5.固定資產中廠房設備使用年數的變動。 6.既有廠商所擁有的特殊資源。
(二)產業結構因素	1.既有廠商家數。 2.超額產能。 3.市場占有率：(1)領導廠商的市場占有率 　　　　　　　　　(2)市場占有率的變動情形。 4.廣告支出。
(三) 經　濟　因　素	1.經濟景氣 2.物價上漲。 3.營業額成長率。 4.投資報酬率
(四)政治或法規因素	1.（爲了保護本國工業而）限制外人投資。 2.（爲了穩定物價而）禁止新公司的設立。 3.（爲了引導國家資源的配置而）對不同的產業作諸般 　獎勵或設限。

表既有廠商已在使用較好的技術，因而潛在競爭者也將較難找到
開放的策略窗口。(Harrigan 1981)如果一產業的資本密集程度變
高，則代表既有廠商已在更新設備，故對潛在競爭者而言，亦將
構成一項進入障礙。

　　第五個指標是固定資產中廠房設備使用年數的變動。廠房設
備的新舊，只代表該產業或產品存在多久而已，無法據以判定是
否構成進入障礙。但若一產業之平均廠房設備使用年數減少，則
意指既有廠商正在更新設備或改良技術。雖然既有廠商這種作法
代表它們所服務的市場仍然有吸引力，但是既有廠商既然已作了
新投資，則潛在競爭者若欲進入同一市場，可能已喪失採用較新
技術的良機。不過，若新投資數額不大，則可能代表市場機會不
是甚具吸引力，也可能代表既有廠商正開始更新設備，因而是潛
在競爭者進入該產業的良機，因而不易遽下結論。

　　第六個指標是既有廠商所擁有的特殊資源，包括對稀有原料
或材料的控制、對配銷通路的掌握、以及專利權的多寡等。這些
特殊資源將使潛在競爭者欲進入市場時，無法取得足夠的生產原
料或材料、無法對最終用戶進行配銷、或是無權進行生產，因而
構成一項進入障礙。

　　以上所探討的指標，可以歸納在技術因素項下。接著要探討
的，乃是競爭結構或產業結構因素。

　　產業結構因素中，第一個指標也是最常被討論的指標，乃是
既有廠商家數。既有廠商家數由一家至非常多家，就形成經濟學
上所謂的壟斷、雙家壟斷、寡占、壟斷性競爭、及完全競爭等市
場結構，且其獲利能力將因家數之增加而減少。以經濟學的術語

來說，整個產業的獲利能力，將因產業的集中度(Concentration)增減而呈等方向變動。(Qualls 1972)因此，一市場上的供應廠商家數在增加時，一方面固然代表著該市場具有吸引廠商加入競爭的潛力，但對尚未加入的潛在競爭者而言，則同時也意味著機會正在逐漸減少，或是策略窗口即將關閉。綜合而言，既有廠商家數太多及其最近的增加數，均構成一產業之進入障礙。

第二個指標是超額產能(Excessive Capacity)。存在超額產能的產業，顯示既有廠商有能力供應繼續增加的市場需要，或是市場需要低於供應能力，故對潛在競爭者而言相當不利。因為潛在競爭者欲進入市場時，既有廠商可能不惜以降價來維護其既有市場，因而引發價格戰。(Esposito and Esposito 1974)進一步言之，產業的超額產能擴大時，潛在競爭者若欲進入市場，所將遭遇的抵抗也將愈大，因而形成一項進入障礙。

第三個指標是市場占有率，特別是領導廠商的市場占有率。領導廠商的市場占有率愈高，一方面代表市場可能較無差異化(Undifferentiated)，另一方面也可能代表領導廠商可能具備特殊優勢，如產品形象優良、掌握原料來源或配銷通路等，以致於大多數顧客被領導廠商所吸引。這些領導廠商將形成所謂的「寡占核心」(Oligopolistic Core)，[4]且不易被侵入。如果是一家領導廠商已支配大半市場，則潛在競爭者也很難進入市場。但是，祇要潛在競爭者能夠找出市場利基，也就是可供小廠存活而大廠不屑一顧或忽略的市場區隔，則潛在競爭者亦能進入市場。

其次，市場占有率的變動情形亦值得注意。一產業內的市場占有率若變動很大，代表既有廠商正在劇烈競爭市場，因而競爭

環境將不利於潛在競爭者之進入，因而構成另一項進入障礙。

第四個指標是廣告支出。一產業的廣告支出若相當龐大，將嚇阻缺乏財力的潛在競爭者進入市場，另一方面也代表既有廠商藉廣告支出來建立優良形象，因而潛在競爭者將不易進入市場。

以上所探討的是結構因素。接著將要探討經濟因素。

經濟因素中的第一個指標是經濟景氣。當經濟景氣由谷底翻升一直到繁榮階段，各行業多半獲利情形改善、營業額上升，故吸引新公司成立及投入新市場。反之，經濟景氣由繁榮趨於衰退、蕭條時，各行業營業額減少而獲利情形亦將惡化，以致行業的吸引力趨於下降。

經濟因素中的第二個指標是物價上漲。物價迅速上漲的階段，各行業的營運成本將隨之增高。若廠商無法有效地將成本轉嫁到售價上，也就是顧客不願意接受廠商成本增高的轉嫁，則廠商獲利情形將下降，變成不具吸引力的行業。

第三個指標是營業額成長率。若產業的總營業額成長率較國民所得毛額成長率來得低，代表此一特定產業之需求趨於減少，是一個成熟末期或衰退期的產業，因而是不具吸引力的產業。

第四個指標是投資報酬率。若產業的投資報酬率下降，亦代表該產業的競爭情況惡化或需求減少所致，因而該行業亦是不具吸引力的行業。

以上四個經濟指標，都是在顯示一產業的吸引力(Attractiveness)變動情形。嚴格地說，這四個因素並不代表進入障礙，而僅代表潛在競爭者進入一市場或產業是否有利可圖而已。然而，這些因素加上前述構成進入障礙的技術因素與結構因素，以及即將探

討的政治因素，共同決定了在特定期間可能進入一行業的潛在競
爭者家數，因而必須同時予以探討，同時亦可當作是廣義的進入
障礙。[5]

最後要探討的是政治或法規因素。各國政府基於種種考慮因
素，會對一產業的新設公司予以限制。例如爲了保護本國工業而
限制外人投資，或爲了穩定物價而禁止新公司的設立，或爲了引
導國家資源的配置而對不同的產業作諸般獎勵投資或設限等。例
如煙酒在台灣市場一直由政府經營，並不對外開放。此時潛在競
爭者雖然發覺煙酒市場吸引力甚大，但卻不得其門而入。一直到
最近（1985年），政府才開放外國煙及淡酒(Wine)自由進口。

因此，政治因素常構成一產業或市場最大的進入障礙。有時，
我們可逕稱此爲限制條件(Constraints)，因爲它在短期內是不能改
變的。不過，政府的各項限制在構成進入障礙上，亦有程度上的
差異，因而值得同時合併探討之。

除此之外，學者Asch(1983:134-38)亦曾提出絕對成本優勢及產
品差異化兩個因素。前者係指產業內現有廠商擁有絕對成本優
勢，例如有最進步的生產技術、有最低成本的採礦權等。後者則
指因產品具有獨特的特性而能引起顧客最大的忠誠，因而潛在競
爭者即使進入市場，也將無法吸引到足夠的顧客。

第三節
台灣汽車市場進入障礙之分析

一、台灣汽車工業與市場結構

自從1979年起，國產汽車的產銷量即有了重大的突破。如表5：3所示，在產量方面，1979年成長率超過50％，以後各年互有消長，如80年、83年、84年、及86年均成長率超過10％，但82年及85年反呈負成長，故產量波動情形相當大。

一般認為，汽車製造廠商的汽車成品庫存量，以維持在60天至90天的銷售量為宜，故汽車產量的波動，實反映銷量的變動情

□表5:3　近年國產小汽車產量及成長率□

年　度	產量（輛）	成長率（％）
1978	76,617	—
1979	115,462	50.7
1980	132,116	14.4
1981	137,598	4.1
1982	133,654	−2.9
1983	156,761	17.3
1984	171,214	10.9
1985	159,637	−6.8
1986	176,602	11.1

註：①1983年及以前數字參閱工商時報1985年2月8日報導。
　　②1984年及1985年數字來自行政院主計處「台灣地區重要經濟指標月報」。
　　③1986年資料係按9個月數字推估。

形，如表5：4所示。

　　由表5：4及表5：3可以看出，台灣小汽車銷售量及金額大致與生產量平行成長。其間最主要的差異，除了來自產銷之間的時差之外，尚由於1979年3月政府准許美國小汽車自由進口，1980年8月又准許歐洲小汽車自由進口，因而阻礙了國產小汽車的銷售成長。至於1982年及85年的負成長情形，前者主要源於全球景氣下降，後者則是消費者運動興起並要求降價，造成汽車顧客觀望所致。

　　國產汽車產銷量雖呈長期遞增趨勢，但就個別製造廠商而言，其市場占有率仍有逐年異動的現象。以1981年起4年間爲例，市場占有率一直領先的裕隆、福特、三陽而言，其間仍有變動，

□表5:4　近年國產小汽車銷售量及金額□

年　　度	銷售量(輛)	成長率(%)	銷售額(台幣百萬)	成長率(%)
1978	76,688	—	16,914	—
1979	114,648	49.5	27,790	64.3
1980	130,263	13.6	32,730	17.7
1981	136,901	5.1	37,649	15.0
1982	134,729	− 1.6	36,904	− 2.0
1983	155,309	15.3	43,522	17.9
1984	169,442	9.1	46,797	7.5
1985	159,436	− 5.9	41,005	− 12.4
1986	179,421	12.5	48,471	18.2
1987	256,710	43.1	69,692	43.8

註：① 1983 年及以前數字，參閱工商時報 1985 年 2 月 8 日報導。
　　② 1984 年資料來源：工商時報 1985 年 1 月 10 日報導。
　　③ 1986 年資料來源：工商時報 1987 年 3 月 14 日報導。

加上1982年有中華汽車公司加入競爭,更加劇市場占有率變動的幅度,如表5:5所示。

其次就各國產汽車製造廠商的投資與技術合作情形,作一簡單介紹。

裕隆汽車係市場領導廠商,自始即和日本日產汽車公司合作,生產車型以日產車型為主,包括速利、快得利、吉利、勝利等車型,並於1983年12月公開設立工程研究中心,且於1986年底正式推出自行開發的X101飛羚系列。

福特六和係和美國福特汽車公司合資並和日本馬自達技術合作;三陽工業則自日本本田公司引進喜美車系,三富則與法國雷諾汽車公司技術合作,羽田公司除與法國標緻公司技術合作外,同時也和日本大發公司合作,而中華汽車則與日本三菱公司合

□表5:5　近年來小汽車市場占有率統計表□

製造廠商	1981	1982	1983	1984	1986
裕隆汽車	48.5%	43.8%	39.0%	50.0%	38.2%
福特六和	33.2%	28.8%	31.0%	34.2%	18.0%
三陽工業	12.3%	12.2%	12.6%	10.7%	12.5%
中　　華	0	10.0%	7.7%	N.A.	14.6%
三　　富	5.2%	2.2%	4.9%	9.4%	8.4%
羽　　田	0.8%	3.0%	4.6%	5.7%	8.4%
太　　子	0	0	0.2%	N.A.	N.A.
合　　計	100%	100%	100%	100%	100%

註:①1983年及以前資料來自1985年2月8日工商時報。

　　②1984年資料係由本研究彙總而得,其中包括小貨車在內。但並未包括中華與太子兩家企業之資料。

　　③1986年資料來自1987年3月24日工商時報報導,其中未包括太子汽車之資料。

作。

　　整個汽車工業市場的概況，大致是小廠林立而一家（裕隆）獨大。在此種情況下，為什麼會吸引大慶及國瑞（與豐田合作）這兩個汽車廠先後於1986年決定進入市場呢？此點必須從汽車市場的吸引力先行討論，然後再探討汽車市場的進入障礙。

二、台灣汽車市場的吸引力

　　一市場若無吸引力，則深入探討其進入障礙自屬多餘。就台灣汽車市場而言，其吸引力如何呢？底下將就此點加以分析。

　　台灣國產汽車的年產銷量自1979年突破10萬輛以來，八年來一直在18萬輛以下，直到1987年才突破25萬輛，以至於和其他國家相較之下，每一家庭所擁有的汽車數，一直處於偏低狀態。尤以近數年來，經濟成長率仍然維持在很高的百分比，實質國民所得毛額在1983年已達19398億，1984年又提高至21429億，1985年則升達22519億[6]。換言之，到了1985年，每人所得已達三千美元，1987年更躍昇至接近五千美元，在汽車購買上已具備相當的消費能力，市場潛力不容忽視。

　　汽車消費潛力雖然存在，銷售量卻一直偏低，主要是車價偏高所致。以1984年6月為例，主要國產汽車車種比日本東京地區高出很多，如表5：6所示。表中顯示，在選樣的七種廠牌中，零售價格最少比東京高出81％，最多則高出達140％，換句話說，若台灣國產汽車售價與東京相近，台灣汽車年銷量當在目前的一倍以上。此種市場潛量自是相當具有吸引力。

　　再換另一個角度而論，正因汽車零售價有偏高的現象，故各

□表5:6　1984 年 6 月台灣與東京車價比較表□

單位：新台幣元

台　灣　廠　牌	零售價	東京同型車售價	台灣售價高出百分比
裕隆速利 1.3 DX 四門	255,000	141,000	81%
裕隆快得利 1.6 SD 四門	373,400	169,800	120%
裕隆吉利 1.8 SD 四門	380,400	200,400	90%
裕隆勝利 2.0 SD 四門	524,460	218,800	140%
福特全壘打 1.3 L 四門	305,000	142,200	114%
福特全壘打 1.5 GL 四門	353,000	172,600	105%
福特天王星 1.8 GL 四門	410,000	215,000	91%

資料來源：1984 年 11 月 16 日經濟日報報導。

汽車製造廠商每製造一輛汽車並銷售出去，即可能獲得頗高的銷售利潤。例如三富汽車在1984年11月28日宣佈，將於同年12月8日推出新型車，二日後經濟日報即指出，三富因與法國雷諾廠技術合作，在法郎持續貶值後，三富每產銷一輛雷諾型車，即可能有八萬元利潤。[7]另外，三陽工業公司總經理張國安，亦曾在公開場合指出，三陽每產銷一輛喜美汽車，其淨利達十萬元。凡此均顯示汽車市場令人垂涎。

三、台灣汽車市場進入障礙

　　台灣汽車市場既然有如上所述之誘人的吸引力，有意進入市場的廠商自屬不少。

　　首先就進口汽車而言，美國三大汽車通用、福特、和克萊斯勒，在台灣均有代理商進口。歐洲汽車方面，法國雷諾與標緻固

然搭便車在國產同廠牌經銷系統銷售外,瑞典富豪(VOLVO)、德國賓士(Mercedes-Benz)、BMW、奧狄、歐寶(OPEL)等高級轎跑車,以及少數超高價位房車如勞斯萊斯,也都已到或即將到台灣市場來競逐高下。

在國產車方面,先後設廠生產的汽車公司,迄今已達七家,未來更有二家加入,在銷量不到三十萬的國產汽車市場競爭,此似乎顯示著(1)汽車市場進入障礙並不大,或是(2)各汽車廠商不惜花費代價克服進入障礙,並成功地進入市場以獲取高額利潤。

這兩種可能性中,只有一個會存在,也就是兩種狀況彼此是互相排斥的。本研究希望探討出真正的理由是那一個,則是站在有利於整個汽車產業健全發展,進而造福消費者的觀點來探討。底下即根據第二節所列的進入障礙因素,逐一分析其在國產汽車市場的強度。

首先探討「最小經濟規模」。根據早期汽車專家的估計,每一車型的經濟生產量為十萬輛。一般企業不敢輕易進入汽車業,即因此一經濟生產量數量甚大。然而,近年來彈性生產系統在各汽車廠已逐漸風行,故汽車業之最小經濟規模宜改以整廠計算,且其進入障礙亦減輕不少。

再以台灣汽車製造廠商而論,二十萬輛的市場竟有七家生產廠商,車種更高達三十餘種,顯示所有廠商均未達到「最小經濟規模」,因而潛在競爭者也將不必考慮此一因素,例如1986年2月和豐田合作的國瑞汽車,其初期產能僅有六萬輛,而與富士重工業合作的大慶汽車更只有二萬輛。「最小經濟規模」顯然並未構成進入障礙,而且將愈來愈不重要。

其次探討「投資額」。汽車業投資額相當龐大,例如裕隆公司
資本額即高達62億元。[8]不過,對於世界各國有意進軍台灣汽車市
場的汽車廠而言,此一數額並不高。以正和國瑞合作的豐田公司
為例,該公司在1980年5月提出與國內大同、和泰、光陽等公司
合作業,並在1983年6月10日正式提出投資申請書,其中即包括
出資45%,即47億新台幣。由此可見,「投資額」並未構成潛在競
爭者的進入障礙。豐田也在1984年退出合作計畫後,迅速捲土重
來。

接著探討「研究發展費用」。汽車業的研究發展費用甚高,一
新車型之研究開發費用動輒十億新台幣,因此是一項進入障礙。
然而,透過與國外大汽車廠的技術合作,只要是生產同型車種,
此一研究發展費用將轉變為權利金,分由各銷售出去的車輛負
擔,因而又不致於形成進入障礙。

至於「資本對勞動的比率」或資本密集度,在國際汽車業而
言,此一比率已相當高,似乎是一項進入障礙。但就國產汽車廠
而言,我們來探討其每人生產量,並以銷售量來代表生產量,如
表5:7所示。

由此表可以看出,各汽車廠每人每年生產量(近似於銷售量)由
9輛至33輛不等,但均相當偏低。相對於先進汽車廠已能採用無
人工廠而言,潛在競爭者顯然可以引進節省人力的設備來從事汽
車生產,因而國產汽車工業的資本密集程度,顯然不足以構成一
項進入障礙。

上述推廣或新建廠房因素,也將促使國產汽車工業擁有「超
額產能」。如表5:8所示,截至1986年底止,各國內汽車廠均未能

完全發揮其產能。其中，除三陽及中華以外，其餘各車廠均未能發揮50%以上的產能，使得總超額產能超過二十萬輛，大於1987年之總銷售量。換言之，整個國產汽車市場年銷量即使再增加一倍，

□表5:7　國產汽車廠人力與銷量現況□

製造廠商	人力（人）	銷量(1986)	每人銷量（輛／人）
裕　　隆	3,588	64,030	18
福特六和	1,925	30,106	16
三　陽*	1,926	20,993	11
中　　華	737	24,476	33
三　　富	1,221	14,025	11
羽　　田	1,570	14,059	9

* 三陽另外製造機車，故其每人銷量有低估情形。
資料來源：1987 年 3 月 24 日工商時報。

□表5:8　國產汽車產能及超額產能□

單位：千輛

製造廠商	產能（千輛／年）	銷量(1986 年)	超額產能
裕　　隆	150	64	86
福特六和	91	30	59
三　　陽	36	21	15
中　　華	30	24	6
三　　富	35	14	21
羽　　田	33	14	19
小　　計	375	167	208
國　　瑞	60	0	—
大　　慶	20	0	—
合　　計	455	167	288

資料來源：1987 年 3 月 24 日工商時報

既有廠商仍然有能力全額供應。此實屬一大進入障礙。

　　然而，新廠國瑞及大慶願意加入競爭，且分別顯示有六萬輛及二萬輛之產能（如表5：8下半所示），使得超額產能高達近三十萬輛，其間必然有各廠預估未來需求量將會劇增的情形存在。正如國瑞公司副董事長蘇燕輝所指出的：「豐田預估十年後（即1997年），國內小汽車年銷量將達38萬至40萬輛。」[9]由於廠商對未來需求有樂觀的估計，超額產能也就不會構成太大的進入障礙，因而無法阻礙豐田捲土重來。

　　接著探討「特殊資源優勢」。國產汽車廠所擁有的特殊資源之第一項，是開發技術的取得。各汽車廠均擁有各自特定的技術合作對象，且均為國外著名汽車大廠。不過，包括世界最大的汽車廠通用在內，仍然有許多名汽車廠並未到台灣設廠，如賓士、BMW、奧狄、富豪等。因此，生產與開發技術將不構成進入障礙。

　　在銷售據點及銷售網方面，各國產汽車廠均有其銷售代理商或經銷商，如裕隆一向透過國產汽車（1988年已終止經銷契約），三陽透過南陽實業等。不過，這些銷售系統並未完全由製造廠商所控制，例如三富在1984年年中曾與全省七家經銷商決裂[10]、裕隆曾在1987年4月上旬在主要媒體大登廣告，提醒客戶不要加裝額外附件，以制衡其總經銷（國產汽車）熱中推銷「精裝車」之作法，在在顯示經銷系統與製造廠商之間並非合作無間[11]。此外，國瑞所產汽車未來將交由和泰負責，和泰全省據點雖不多，但仍可找到其他經銷商。因此，配銷通路也不構成一項進入障礙。

　　綜合以上的討論，在技術因素方面，既有製造車廠無論在最小經濟規模、投資額、研究發展費用、資本密集和特殊資源優勢

方面，均無法構成太高的進入障礙。僅在廠房年數較低及超額產能方面，足以構成進入障礙。不過，超額產能因素受到未來預估需求將劇增的因素所抵銷，故仍無法阻擋國瑞與大慶的進入。同時，超額產能的阻礙作用，主要在於隱含著既有廠商可能掀起價格戰來對抗新車廠或新車種之進入市場，但歷史資料並未顯示出有此種強烈價格戰現象，故其構成進入障礙的強度無形中降低不少。此點將在結構因素中再做進一步探討。

在結構因素方面，第一個要討論的是「廠商家數」。國產汽車廠在1981年僅有裕隆、福特六和、三陽、三富及羽田等五家，1982年中華加入競爭行列，1983年又增加太子汽車，而達七家。此在汽車業已屬太多，本應構成進入障礙。但因各廠家規模均不大，且競爭上亦不太劇烈，故仍然有潛在競爭者企圖進入。

其次討論超額產能所可能引發的價格戰。以1984年為例，羽田在年中推出與日本大發合作的祥瑞車系，在9月中又逢消費者運動方興未艾，各汽車廠也以降低價格因應，如表5：9所示。例如裕隆在10月中旬起優待舊轎車主八千元，商用車主五到八千元。三陽在推出1500c.c.第三代喜美的同時，對舊型車1400c.c.者贈送價值三萬元裝備，羽田則在11月底宣布降價，其降幅為二萬至二萬六千元。三富在11月28日本來宣稱85年新型車Ｒ9 TSE豪華型因增加電動窗等配備而將車價由398,600元調高為419,600元，但在12月5日又將該型車維持原價，而原有車型Ｒ9ＧＴＳ則降價19,000元為379,600。福特僅將千里馬車型降價約十一萬元，但該型車銷量本就極少。到了1985年初，三陽喜美舊車型1400c.c.取消降價，僅現金購買時贈品12,900元。

□表5:9　各汽車廠在 1984 年之價格戰□

製造廠商	廠　　　　牌	降價日期	降價幅度
裕　　隆	全部車系	10月中旬	轎車每部 8 千元 商用車折價 5～8 千元
三　　陽	喜美 1400 c.c.	12 月 5 日	3 萬元(約爲 3.5～3.8%)
羽　　田	標緻 505 標緻 305 SR	11 月 30 日	由 705,000 元降爲 679,000 元 由 458,000 元降爲 438,000 元
三　　富	R9GTS	12 月 5 日	由 398,600 元降爲 379,600 元
福　　將	千里馬	12 月 14 日	折讓 2 萬元，送 7 千元贈品及二 年汽車全險（值 9 萬元）
三　　陽	喜美 1400 c.c.	75年元月10日	現金折讓 12,900 元贈品，但降價 無法取消。

資料來源：本研究彙總所得。

　　在這一段降價競爭期間，除三陽汽車之 1500c.c. 新喜美銷量竄升爲單一車種冠軍，以致廠內沒有庫存汽車壓力外，其他車廠則多籠罩在龐大的庫存壓力之下。例如裕隆高級主管在11月30日接受記者訪問時透露，汽車庫存約2,500輛，且三義廠自12月初開始停工。福特在11月底在報章上透露庫存約3,000輛，且自12月3日起停工七天。三富則從12月22日起停工十天。

　　綜合而言，如表5：10所示，各汽車廠在彼此劇烈競爭之下，寧可相繼停工，使產能閒置，也不願大幅度降低價格。其降價的幅度，大約爲：裕隆3％、三陽4％、羽田4％、三富4％，福特15％（但僅限於九車種中之一種），幅度均相當小。換言之，超額產能用以形成進入障礙的降價情形，在國產汽車業內並未發生，因而也就不具備構成進入障礙的條件了。

第三個要探討的是「市場占有率」因素。根據表5：5所顯示者，市場占有率第一的裕隆，在1981～83年間，其占有率逐年下降，84年則又回升至50％，至86年已降至38.2％，85年因資料不全，暫不予論列。第二名的福特六和，82年市場占有率下跌4.4％，83年回升一半，即2.2％，為31％，84年至少再降7％，為24.2％，86年又降至18％，顯示其第二名的地位已汲汲可危。由於表中數字係包括小客車及小貨車在內，如果單計算小客車，則其市場占有

□表5:10　1984年各廠商對消費者主義浪潮的因應之道□

廠商	廠　　　牌	
裕　隆	全部車系	以適時的降價因應消費者的要求，故市場占有率無大波動，仍獨占鰲頭，守住全國$\frac{1}{2}$的市場。
三　陽	喜美 1500 c.c.	推出全新 1500 c.c.新車種(第三代喜美)，符合新產品價格無所謂高低的消費心理，全然避開價格戰。此新喜美推出後在單一車種的銷售量上，已奪得大多數月份的銷售冠軍。
羽　田	祥瑞 1000 c.c.	推出祥瑞 1000 c.c.來訴求以汽車取代機車的消費者，掌握了市場利基而得以維持現有地位。
三　富	R9GTS豪華型	新車型R9GTS豪華型因增加電動窗等配備，而將車價由$398,600 調高為$419,600，但只維持不到 10 天又將該車降回原價。
福　特	千里馬	在消費主義浪潮末期，千里馬系列一次降價十萬元，雖引人注目，卻產生反效果，其原因乃： ①千里馬系列銷量本就甚小降價，也很難增加銷量，而即使銷售量增加，也無法彌補龐大的廣告費用。 ②消費者覺醒到，既然千里馬系列可降價15％左右，則其他如全壘打系列是否有超額利潤？

資料來源：本研究彙總所得。

率當落在三陽工業之後。三陽工業在前三年（1981～83）維持平穩，84年稍有下降，主因是對消費者運動之因應並不甚積極，但在86年又回復了原有的市場占有率水準。若連機車營業額亦計算在內，其86年營業額有大幅度成長，達19%，使其數額提高至129億元，且在台灣民營企業排名由第九名躍升爲第八名。[12]

中華汽車在1982年正式推出小貨車，即已取得$\frac{1}{10}$的市場，1983年占有率稍降，但85年又推出多利800小汽車，以致86年市場占有率又回升至14.6%，其名次升爲第三名。如果吾人考慮到中華與裕隆的主要投資人相同這一個因素，則不妨將之列爲裕隆集團，其總合市場占有率等於52.8%（38.2% + 14.6%），又回復到80年以前的水準了。

上述主要汽車製造廠商市場占有率的變動情形，即已顯示出小廠（三富及羽田）正分別逐漸占據市場，不過其成長速度並不快。就進入障礙的觀點而言，市場競爭程度似乎並不劇烈，因而並不構成太大的進入障礙。

接著探討「廣告支出」，國產汽車廠商的廣告量適中，但若以營業額百分比而言，則屬較一般耐久性消費品偏低的情形，例如不如家用電器廠商，而且也不若非耐久性消費品廠商。因此，廣告支出並未使既有廠商形成進入障礙。次就廣告支出所帶來的良好形象而言，各國產汽車的性能僅予人中等形象，遠不如進口的賓士BMW或美國車種。例如1984年傳聞福特天王星在警界使用情形不良[13]，三富雷諾車獲取「暴利」[14]等，均使各國產車廠形象受損，加上領導廠商車價較東京貴出一倍的報導（參閱表5：4），顯示國產汽車廠商的形象並不突出。目前似乎僅有裕隆自行設計的飛

羚及三陽引進本田的喜美(Civic)，在市場上形象最佳，其銷售量亦常居單一車種單月銷售量的第一名。[15]因此，產品形象亦不可謂已構成國產汽車市場極大的進入障礙。[16]

綜合以上對結構因素的探討，可知無論總廠商家數或超額產能的觀點而言，的確已構成適當的進入障礙，但仍然無法阻止國瑞及大慶兩家公司進入市場。至於市場占有率變動情形與廣告支出數額，似尚不構成多大的進入障礙。

第三部分要探討的是經濟因素。

首先探討經濟景氣問題。景氣循環意指大多數經濟部門的產出普遍而持續地出現擴張與緊縮的過程，在任何經濟體系中都會出現景氣循環的現象。台灣地區景氣指標若以1980年為基期（100），在1983～85年間，同時指標由111而123而升為126，在1986年則超過130；至於領先指標則由83年之126升為84年之140，而達85年之148，86年更超過160。[17]此兩項指標均顯示近五年來台灣地區景氣趨於繁榮，各行業的新公司數也紛紛增加，無形中進入障礙也就降低了。

其次探討物價上漲因素。假定以1981年為基期，與國產汽車工業較有關的是躉售物價指數由98.64而升為99.11，再降為96.54，1986年的指數則更為下降，約為93[18]。由此可見國產汽車工業的營運成本可能下降。再就製造業每人每月平均薪資而論，在1983年為11,119元，84年增為12,839元，85年則降為12,609元，86年則約上升8.32％，即超過13,000元。[19]此亦顯示國產汽車工業的製造人工成本相當平穩。綜合躉售物價指數與製造業平均薪資之變動情形，可知國產汽車工業之營運成本在近年間並未呈大幅上升，因

而亦不構成進入障礙的因素。

接著探討營業額成長率。國產汽車工業在近年來營業額均呈
成長趨勢。除 82 年及 84 年係負成長以外，其餘各年均成長超過
10%，其成長率比起國民所得毛額成長率要來得高，因此，國產汽
車產業雖已有三十年歷史，吾人仍不得逐稱該產業為成熟末期或
衰退期的產業。比較正確的說法，係該產業處於產品生命週期中
的成長期末期或成熟期初期。在這兩個階段，潛在競爭者均仍有
興趣參加競逐，而其進入障礙也不算高。再以個別領導廠商而論，
裕隆公司在1985年營業額為143億，居台灣地區主要民營企業之第
六名；1986 年營業成長率為 14.8%，達 164 億，仍居主要民營企業
之第六名，營業情形不惡。而三陽工業公司在1985年營業額為109
億，86 年則成長 19%，在十大民營企業排名由第九名上升為第八
名。[20]此二例亦顯示國產汽車工業之營業額成長率，高於國民所得
毛額成長率。因此，國產汽車工業仍是一個具吸引力的行業。

最後就投資報酬率而言，國產汽車工業的投資報酬率一直不
惡，各汽車製造廠在近幾年中紛紛擴廠，除裕隆引進部分日產資
金外，其餘各廠均係以盈餘融通擴廠所需，故其投資報酬率應相
當可觀。惟受資料來源所限，無法一一加以探討。[21]不過，從三陽
公司及裕隆公司主要負責人在近年個人所得稅繳納數額上名列前
茅這一事實，亦可反映該業的吸引力更形擴大。

綜合以上有關經濟因素的探討，可以顯示出：無論從整個國
家經濟或從國產汽車工業的觀點而言，該產業的吸引力一直是居
高不下，不僅未構成進入障礙，而且還發出相當大的吸引力。

最後探討政治因素。政治對國產汽車工業，一直採取保護政

策，也就是對國外汽車先期禁止進口，後期則開放歐美地區小汽車進口，而日本汽車則始終在禁止進口之列。對於已開放進口的歐美小汽車，初期課以相當高的關稅，近年則將逐年降低關稅5～10％。高關稅的結果，使國產汽車製造廠商三十年受到相當的保護，因而得以逐漸成長至今日的規模。

　　純粹就進入障礙觀點而言，如前所述，由於汽車製造與開發技術常有賴於國外著名汽車廠提供，故新設汽車製造廠常須與國外合資。台灣對於外人投資，一向抱持審慎態度，外人投資必須向經濟部提出申請，經過核准後方准予投資。而政府經常推出相對要求，間接形成保護措施，亦即形成進入障礙。以1983年豐田正式提出投資申請為例，政府即要求二點：(1)工廠開工第七年自製率應高於88％，(2)第八年應達成50％外銷。豐田公司無法接受此二條件，遂於1984年9月撤回投資申請。因此，就潛在大型汽車廠而言，政府政策實為最大的進入障礙。

第四節
台灣汽車市場吸引力與進入障礙之綜合分析

　　本節將就台灣汽車市場之吸引力與進入障礙，做一綜合性之分析，並且分為國瑞與大慶兩公司正式產銷前後二階段討論之。

一、國瑞與大慶進入市場前

　　在國瑞與大慶進入市場前，台灣汽車市場的吸引力，在綜合前節之討論與分析後，可得出如圖5:1所示的吸引力景況圖。

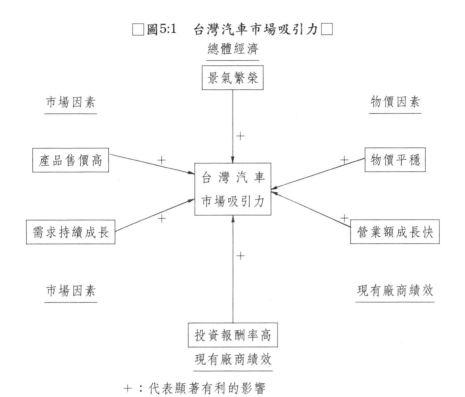

□圖5:1　台灣汽車市場吸引力□

＋：代表顯著有利的影響

　　此一國產汽車市場吸引力景況顯示，無論從整體經濟、物價因素、或從市場因素、現有廠商績效之觀點而言，國產汽車市場之吸引力均屬日漸增大，很容易吸引潛在競爭者設法進入市場競逐。試想：在一經濟景氣繁榮時期，躉售物價持續平穩而薪資則正常上漲，顯示廠商營運成本不致於增高，而在市場需求方面，需求持續成長，且產品單價維持在高價位，顯然廠商可獲得快速成長的營業額及持續高額的投資報酬，這樣的產業誰都想進入。

　　而在進入障礙方面又如何呢？綜合前節之探索與分析，吾人亦可得出一進入障礙項目圖，如圖5:2所示。

　　在圖5:2中可以看出，台灣汽車市場最大的進入障礙，來自政府的法規限制，其次是來自技術因素，再其次才是來自結構因素。

□圖 5：2　　台灣汽車市場進入障礙項目□

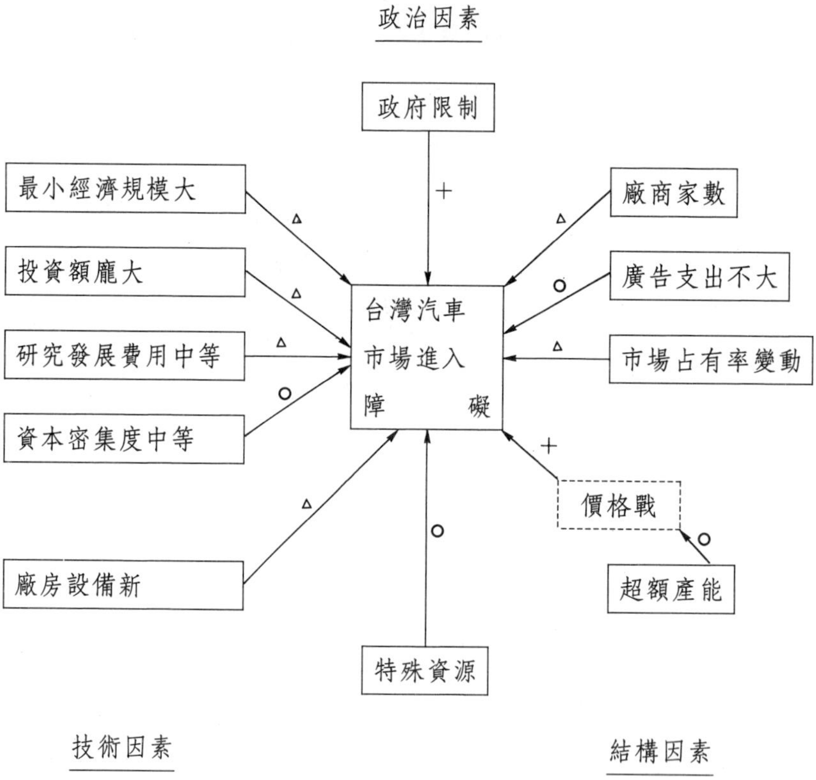

政治因素

```
                        ┌──────────┐
                        │ 政府限制 │
                        └────┬─────┘
                             │ +
                             ▼
┌────────────┐          ┌─────────┐          ┌──────────┐
│ 最小經濟規模大 │──△──▶ │         │ ◀──△── │  廠商家數  │
└────────────┘          │         │          └──────────┘
┌────────────┐          │ 台灣汽車 │          ┌──────────┐
│  投資額龐大  │──△──▶ │ 市場進入 │ ◀──○── │ 廣告支出不大 │
└────────────┘          │         │          └──────────┘
┌────────────┐          │  障　礙  │ ◀──△── ┌──────────────┐
│ 研究發展費用中等 │──▶  │         │          │ 市場占有率變動 │
└────────────┘          └─────────┘          └──────────────┘
┌────────────┐         ○   ▲   ▲
│ 資本密集度中等 │──○──▶        │+  ┌──────────┐
└────────────┘                  └─▶│  價格戰  │◀──○─┐
                                    └──────────┘      │
┌────────────┐    △                          ┌──────────┐
│  廠房設備新  │──────                        │ 超額產能  │
└────────────┘                                └──────────┘
                   ┌──────────┐
              ○    │ 特殊資源  │
                   └──────────┘
```

技術因素　　　　　　　　　　　　　　結構因素

　　　＋：代表顯著影響
　　　△：代表中度影響
　　　－：代表負面影響
　　　○：代表無影響或輕微影響

在技術因素中，最小經濟規模、投資額、研究發展費用及廠房設備使用年度等，僅具備中等影響作用，而資本密集程度及特殊資源則無影響或僅有輕微影響。在結構因素方面，既有廠商家數及市場占有率變動具有中等影響作用，廣告支出則無影響或影響輕微，至於超額產能需透過價格戰才發生作用，現因超額產能雖然存在，但並未因而引發價格戰，故其影響輕微或甚至無影響作用。

　　假定將潛在競爭者納入分析圖裡，並將各進入障礙按其作用大小依次排列，則可得到一幅較明晰的進入障礙圖，如圖5:3所示。由此圖可以看出，潛在競爭者只要突破政府限制，所餘的進入障礙即較輕微，亦即再預期市場將有一番中度競爭（由廠商家數與市場占有率變動可以看出），再籌得足夠資金（以克服投資額龐大，最小經濟規模大、研究發展費中等），以建造資本密集高的新廠房，同時進行廣告投資及培養特殊資源（形象、通路掌握、成本優勢）等，則進入市場並不難。

　　現以國瑞公司進入台灣汽車市場為例，說明其克服進入障礙的條件。

　　國瑞公司引進日本豐田汽車公司的製造技術。因其原就有政府投資在內，故政府限制因素輕易就被克服。在結構因素方面，豐田投資後的國瑞將有財力進行大筆廣告支出，復因其最終生產規模訂為二十萬輛（初期為六萬輛），故能克服最小經濟規模障礙。在技術因素方面，豐田與國瑞合資足以應付龐大投資額的要求，在設計與生產技術上可獲得豐田母公司支援，以克服研究發展支出及資本密集要求。另外，豐田品牌早已累積良好產品形象，在零件及成品配銷方面已吸引不少零件廠與經銷商加入豐田體系，

□圖5:3　台灣汽車市場進入障礙圖□

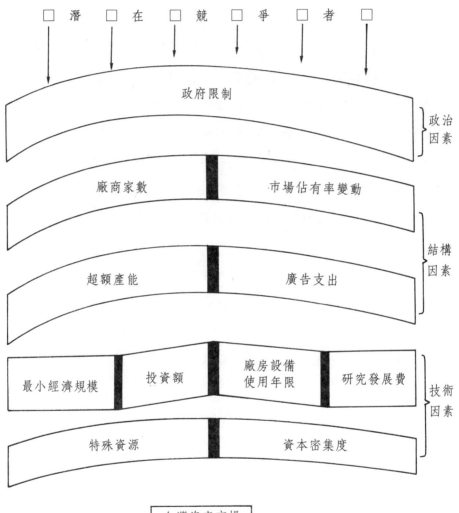

政治因素

結構因素

技術因素

22因此，國瑞也克服了特殊資源障礙。剩下來的，將是國瑞如何挾豐田的技術和眾多既有廠商競爭了。

二、國瑞與大慶進入市場後

在國瑞與大慶兩公司進入台灣汽車市場後，該市場的吸引力也將產生變動，如圖5:4所示。

圖5:4顯示，由於新增兩家公司參與競爭，預料將迫使汽車零售價下跌，進而降低台灣汽車市場未來的吸引力。

其次，由於車價將下跌，將可刺激需求進一步的成長，此對整個市場的吸引力將有正面的影響。至於物價方面，由於零件供

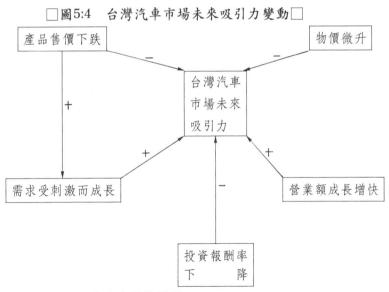

□圖5:4　台灣汽車市場未來吸引力變動□

＋：代表有利的影響
－：代表負面的影響

應廠商的設置或擴廠，比起新汽車製造廠之設立有時間上的落後，故零件成本可能微幅調升，因而影響營運成本，同時技術人員因不易即時培養並供應新廠需要，其薪資也將進一步攀升，導至營運成本更形拉高，使得整個市場的吸引力下降。

再就營業額成長率而言，整個產業營業額將會成長得比國瑞和大慶未進入市場前來得快，固無庸置疑。但其營業額將由新公司所攫走，故對整個市場的吸引力究竟有多大影響，研究者則持較保留的態度。最後就投資報酬率而言，預期將會使既有廠商投資報酬率下降，理由是售價下跌而成本增高，而既有廠商的銷量也可能被新公司搶走一部分，因而其投資報酬率將不可能維持原來的水準。

總合而言，台灣汽車市場未來的吸引力，將因國瑞及大慶兩公司之進入市場而下降。至於下降到何種程度，則有賴進一步的分析。

接著探討兩家新公司進入後，台灣汽車市場的進入障礙將作何變動。此一問題的答案可用圖5:5來說明。

首先談技術因素。在最小經濟規模上，由於彈性製造系統將隨著國瑞的合作對象豐田進入台灣汽車市場，故最小經濟規模在往後將減少，變成不構成進入障礙的因素。其次，國瑞將引進豐田的技術，使資本密集度增加，並使整個產業的廠房設備使用年數降低，兩者均構成更高的進入障礙。在既有廠商所擁有的特殊資源方面，如前所述，豐田將擁有產品優良、忠實經銷網與零件廠等資源，而且這一來，潛在競爭者將更不易獲取零件供應及經銷系統，因而進入障礙將更形提高。

□圖5:5　台灣汽車市場未來進入障礙之變動□

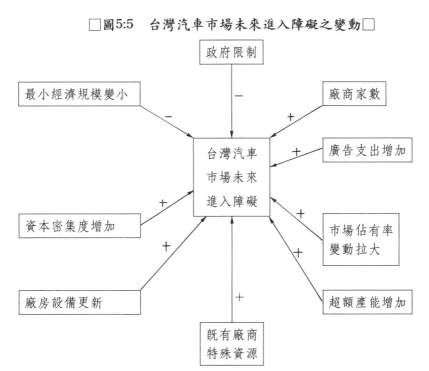

＋：代表有利的影響（即增加進入障礙）
－：代表負面的影響（即減少進入障礙）

　　次就結構因素而言，兩家新公司加入後，廠商家數增加，彼
此間的競爭勢將更趨劇烈，各公司將投入更多的廣告費用，同時
市場占有率也將有鉅幅變動。這些都將構成進一步的進入障礙。
再就超額產能而論，超額產能將因兩家新公司的加入而擴大，但
也可能因需求的增加而減少，不過在初期應屬增加才合理。此時
因超額產能擴大，各公司在過低的產能利用率之下，將無法順利
營運，因此勢必引發價格戰，同時也嚇阻其他潛在競爭者之企圖

進入市場。

　　最後就政治因素而言，政府已經明白指出，對於企業經營及國際貿易將採自由化與國際化的政策，且未來進口汽車關稅亦將逐年降低，因此，政府的限制將逐年放寬，變成不是構成台灣汽車市場的主要進入障礙了。

　　總合而言，台灣汽車市場未來的進入障礙，將由技術因素與結構因素所組成，而政治因素則居於次要地位。如以圖形顯示，將如圖5:6所示者。

　　由圖5:6可以看出，潛在競爭者欲進入台灣汽車市場時，所遇到的政府限制將極為低，但是會碰到較以前更強的進入障礙，此進入障礙首由結構因素所形成，包括廠商家數增多、廣告支出龐大、超額產能多（隨時引發價格戰）、及市場占有率變動幅度大（市場競爭劇烈）。潛在競爭者還會碰到技術因素所組成的進入障礙，其中主要三項是資本密集程度高（新加入者不易找到成本更低的製造方法）、既有廠商設備新穎（新加入者不一定能有成本優勢），而且擁有特殊資源（產品形象良好、瓜分既有零件供應商與成品經銷網）。次要的三個技術因素則是投資額仍需要很大、研究發展費適中及仍有最小規模經濟等。

第五節
研究結果及管理涵義

　　本節將對本研究所得的實證結果，提出其在管理上之涵義。首先在第一部分將摘要敘述研究結果，其次則指出其在管理理論

第5章 市場進入障礙之分析

□圖5:6 台灣汽車市場未來進入障礙圖□

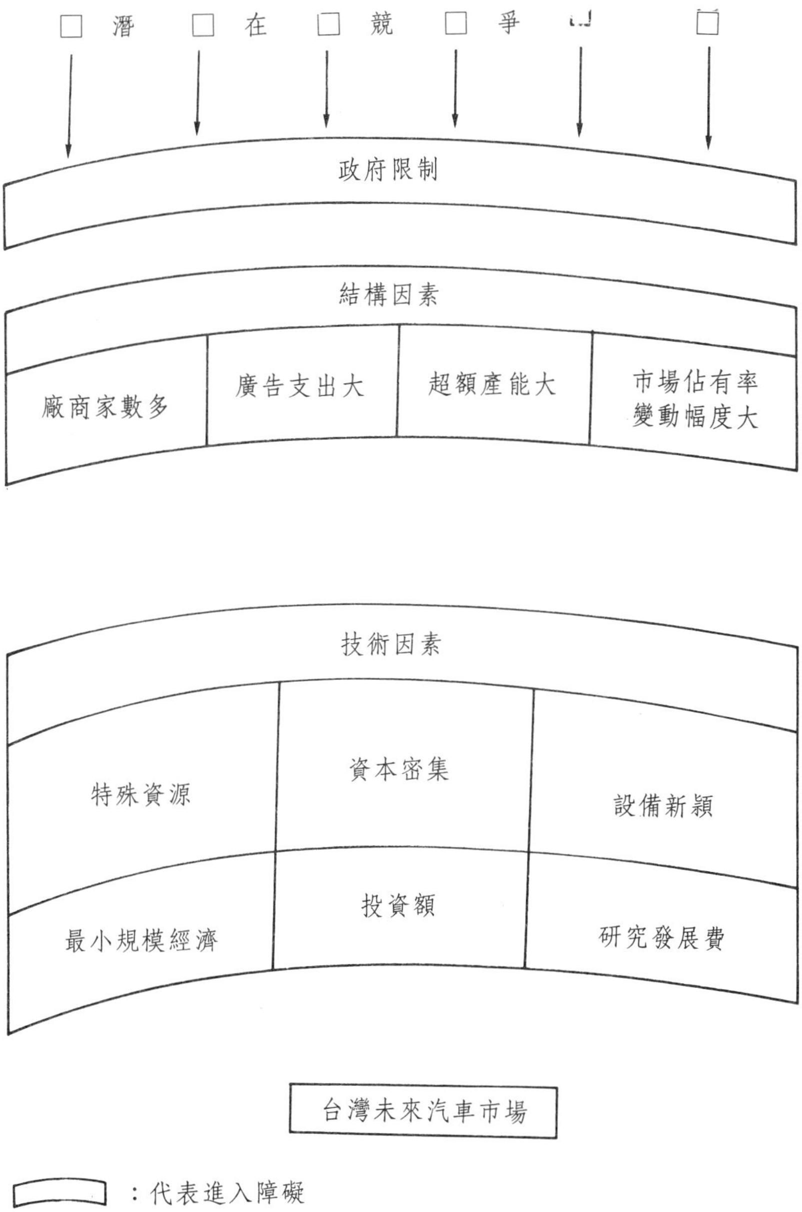

□ 潛 □ 在 □ 競 □ 爭 □ □

政府限制

結構因素

廠商家數多	廣告支出大	超額產能大	市場佔有率 變動幅度大

技術因素

特殊資源	資本密集	設備新穎
最小規模經濟	投資額	研究發展費

台灣未來汽車市場

：代表進入障礙

上之涵義，接著將探討其對管理實務界的涵義，包括對既有廠商之建議、對潛在競爭者之建議、及對政府政策上之參考作建議等。

一、研究結果摘述

本研究主要得到下列結果：

(1)台灣汽車市場係一具有吸引力的市場，其吸引力主要源於產品零售價高、需求持續成長、現有廠商營業額成長快及投資報酬率高等因素，加上景氣繁榮和物價平穩所致。

(2)台灣汽車市場之進入障礙，主要來自政府限制，其次才是源於廠商家數多與市場占有率變動等結構因素，以及最小經濟規模大、投資額大、研究發展費高和廠房設備新等技術因素。

(3)超額產能、廣告支出、特殊資源、和資本密集度等因素，並不構成台灣汽車市場之進入障礙。

(4)在國瑞與大慶加入競爭後，台灣汽車市場未來的吸引力將下降，主因是產品售價將下降、物價（成本）將上升、以及投資報酬率將下降等因素所致。

(5)台灣汽車市場將因國瑞與大慶加入競爭而使進入障礙擴大。未來進入障礙主要源於特殊資源、資本密集、設備新穎等技術因素，加上廠商家數多、廣告支出大、超額產能大及市場占有率變動幅度大等結構因素。

(6)最小經濟規模、投資額、研究發展費等技術因素，以及政治因素，將不構成未來台灣汽車市場之進入障礙。

二、在管理理論上之涵義

將本研究的結果和既有研究文獻對照之下，可得到下列數點涵義：

(1)進入障礙基本上是一動態觀念，會隨時間而有所改變。

(2)各產業市場之進入障礙不盡相同，不可一概而論。例如哈里根(Harrigan 1981)研究成熟產業之進入家數，顯著（5％信賴區間）受廠房設備年齡、資本密集度、前期廠商進入數、廣告支出、超額產能、和產業吸引力等因素所影響。其中，構成進入障礙的因素僅有廠房設備年齡與廠商家數等兩項，在台灣汽車市場上獲得驗證。

(3)雖然以前的研究一直強調超額產能是主要的進入障礙(Dixit 1980;Rao and Rutenberg 1980)，但本研究指出，降低價格或價格戰之預期是超額產能與進入障礙之間的中介變數。易言之，超額產能並不直接構成進入障礙。

(4)政治或政府因素是構成台灣汽車市場進入障礙的主要力量。此一結果似乎可推論到其他台灣產品市場上，而且與一般學者對日本市場進入障礙的看法相同。然而，此一因素一直未受到有關進入障礙的研究之重視。因此，本研究可算是對此一空檔之補充。

三、對潛在競爭者之涵義

有意進入台灣汽車市場的企業，應當採取下列作法來作進入前的準備：

(1)密切觀察台灣汽車市場的吸引力變動情形，尤其是消費需求的成長幅度、市場占有率的變動、以及現有廠商投資報酬率的變動等。

(2)密切注意汽車工業最小經濟規模的下降趨勢、生產與設計技術的進步（以瞭解資本密集及技術密集之變動，及研究發展費用之變動），以瞭解技術因素之變動。

(3)注意台灣汽車工業未來廠商家數之變動、廣告支出之增加幅度、超額產能之增加（廠商擴廠）或減少（需求增加）等汽車工業結構因素之變動。

(4)掌握特殊資源、以新穎設備從事產品創新或製程創新來塑造成本優勢或生產力優勢。（余朝權　1985）

總合來說，台灣汽車市場未來仍具備吸引力，而進入障礙並不特別高，故潛在競爭者仍可考慮進入此一市場。唯未來的進入障礙不在於政治因素，而主要在於技術因素，其次才是結構因素。因此，以往企圖打破政府限制即進入汽車工業的財勢雄厚財團或企業，今後必須在生產技術及行銷技術上有特殊能力，才能在進入市場後可保持成功。否則即使進入台灣汽車市場，亦可能造成鉅額損失。

四、對現有廠商之涵義

三十年來台灣汽車工業一直在政府保護民族工業的卵翼之下，構築起牢不可破的進入障礙，既有廠商乃能在未達最小經濟規模而又有超額產能的情況下，靠偏高的售價來獲得高投資額報酬率。[23]

　　然而，這種進入障礙如今已經解除了。因此，現有廠商必須
自行設法，一方面構築新的進入障礙，一方面則在劇烈競爭中求
取生存和成長。

　　就自行設置進入障礙而言，強化技術因素應是最可行之道。
在技術因素中，特殊資源的掌握應屬當務之急。例如配銷通路或
經銷網之掌握，目前各現有廠商在這方面的力量都很薄弱[24]，無法
構成強而有力的進入障礙。其餘如零組件的掌握，亦在國瑞準備
進入市場後即行瓦解，而形象的掌握除裕隆飛羚車種及三陽喜美
車種外，餘均有待加強，才能形成進入障礙。

　　資本與技術密集應是第二個應強化的技術因素。現在廠商一
方面要引進及發展最新的產品技術與製程技術，一方面應重視「經
驗曲線」(Experience Curve)效果，以追求低成本(Abernathy 1978;Aber-
nathy and Wayne 1974)，作為進入障礙的一環，一方面用於製造產
品差異化，以使該「利基」不會吸引國際性大公司之入侵。[25]

　　強化結構因素也是構築進入障礙的可行方法。其中，以超額
產能的嚇阻作用最應發揮。此一嚇阻作用來自現有廠商堅持以降
價來擴大產能利用率或維持既有的市場占有率。雖然學者並不同
意以降價來因應競爭對手的降價行動(Hulbert 1985)，但只要顯示
以降價或價格戰來阻礙他人進入的強烈決心存在，即已構成嚇阻
作用，而不一定要真正爆發價格價。(MacMillan 1980)

　　現有廠商在構築進入障礙之後，不能就此確保潛在競爭者不
會繼續嘗試著進入市場，此時廠商唯有回頭注意其行銷策略，準
備好好應付競爭了。(余朝權 1985b,1986,1987)

五、對政府政策之建議

　　本研究結果顯示，一產業儘可自行構築進入障礙，而不一定要仰賴政府的保護政策。當政府提出自由化的政策後，產業也將自行調整其結構和技術以因應。因此，政府對於國產汽車工業宜持自由開放的政策，才可避免汽車售價太高而不利於民生，或是造成舉國資源錯誤的配置。（張光美　1986）根據報導，工業局爲配合政府國際化與自由化的政策，將依「汽車工業發展方案」，最晚於1994年完全開放國內汽車工業，爲國內受保護產業（包括鋼鐵、汽車、機車、橡膠化學品、輪胎、原料藥、數位交換機等七項）逐步開放之一。[26]此一政策之方向實屬正確，然其步調似嫌緩慢。從進入障礙的觀點而言，似乎加快開放速度而無多大負面作用。學者Dermer(1986:10)在探討技術進步現象時曾指出：「當政府保護某一產業時，它（政府）很少獲得任何回報……沒有理由可以保證，企業主管會利用喘息的空間去從事更深一層的結構性轉變。」

六、結論

　　本研究以台灣汽車市場爲範圍，研究構成其進入障礙的各項因素，及這些因素變動引起的進入障礙變動情形。研究結果除了驗證若干進入障礙因素的一般性外，也指出前人未曾注意到的中介變數如價格變動等，故在進入障礙理論上亦頗有貢獻。同時，本研究係國內有關進入障礙的極少數研究之一，亦可啓導未來在這方面的研究。

　　未來在進入市場障礙的研究上，尚可進一步朝下列方向進

行：

　　(1)研究一般製造業之進入障礙，並進行統計檢定工作。同時可按產品生命週期劃分產品作比較分析。

　　(2)以服務業和製造業作比較，研究構成進入障礙的因素是否有顯著差異。

　　(3)從潛在競爭者的分類，探索各類潛在競爭者所面臨的進入障礙，並推論未來新加入者之主要來源。

　　(4)探討競爭性情報在形成進入障礙上的重要性。

註　釋

1　此處指並未隱瞞各汽車廠商的名稱。例如在往後行文及分析時，逕指其為裕隆、三陽公司，而不以假名代替。

2　指直接來自各公司的初級資料(Primary Data)。本研究雖曾和各廠商管理者談，但其內容均以研究者觀點表示。

3　一產業之利基(Niche)意指該產業之一部分且對有意投資的企業而言是有利的。一般而言，「利基」一詞多半是用於代表「市場」的一部分，此處被用於代表「產業」的一部分。

4　寡占核心意指市場由最大四家企業所主宰。參閱Harrigan(1985:13)。

5　影響一特定行業在一期間的進入廠商數，尚包括該行業相對於其他行業的相對吸引力。若其他行業的吸引力相對較高，則此一特定行業亦不見得有廠商有興趣加入。

6　此係按1981年價格計算，參閱行政院主計處：「台灣地區重要經濟指標月報。」

7　參閱1984年11月30日經濟日報。

8　此係1987年3月底數字。

9　參閱1987年3月24日工商時報。

10　參閱1984年12月17日經濟日報。

11　參閱1987年4月9日美國世界日報。

12　參閱1987年4月14日美國世界日報。此外，根據1988年報導顯示，裕隆與國產分家後，市場占有率下降，福特已取得單月市場占有率第一的地位，此處暫不論列。

13　參閱1984年12月17日經濟日報。

14　參閱1984年11月30日經濟日報。

15　參閱1985年2月8日經濟日報。

16　例如IBM在電腦（尤其是大型電腦）市場的形象，即已構成相當大的進入障礙，使一般企業不敢貿然投入該行業。

17　參閱行政院主計處編「台灣地區重要經濟指標月報」。

18　同上註。

19　同上註。

20　同註12。

21　國產汽車廠中，僅裕隆、三富和羽田股票公開上市。

22　同註9。

23　參閱余朝權，「由保護到競爭」，1985年7月8日工商時報；余朝權，「從現況出發」，1985年7月22日工商時報。

24　同註9與註11。

25　純粹以低成本取勝的公司，其優勢可能很快就被大競爭者所壓過。(Hout,Porter ＆ Rudden,1982)

26　參閱1987年4月22日美國世界日報。

第 6 章

企業界重視競爭情報

只要掌握競爭情報中的重要
項目，企業經營者就可在有
限的人力、財力與時間限制
下，做好競爭分析工作。

競　爭情報種類甚多，舉凡有關競爭者的現況和動向，均可視
　　　爲競爭情報。本研究將競爭情報分爲三大項：1. 一般狀
況、2. 主要競爭者的產品狀況和3. 主要競爭者的通路與推廣。其
中，一般狀況包括十二個項目，而產品狀況與通路推廣狀況各包
括十個項目，總計三十二個項目。這些競爭情報的內容將在表6：
1～6：3中述明。

□表6:1	企業所重視的一般競爭狀況□			
編號	變數名稱	頻次	%	重要順序
X 1	同業家數	41	9.62	
X 2	同業產能	159	37.32	3
X 3	主要競爭對手	97	22.77	
X 4	主要對手的經營	152	35.68	4
X 5	主要對手的目標	231	54.23	1
X 6	主要對手的營業組織	69	16.20	
X 7	主要對手的用人方式	35	8.22	
X 8	主要對手的生產設備與方式	124	29.11	5
X 9	主要對手的財力與勢力	40	9.39	
X10	主要對手對市場的重視	95	22.30	
X11	主要對手的優劣點	176	41.31	2
X12	潛在競爭者	54	12.68	

註1：N=426
　2：百分比(%)之平均數在25%以上，即屬較受重視的項目。

　　不過，一般企業不可能對全部三十二個項目均給予同等的重
視。吾人想瞭解的是企業最重視那些競爭項目。因此，本研究以
四百二十六家中大型企業爲樣本，以問卷調查方式，詢問各企業
在三類競爭情報中，最重視那三項。底下即是摘要的調查結果。

第一節
掌握對手的目標與計畫

表6：1所示，即是企業所重視的一般競爭狀況之彙總表。表中顯示，企業最重視的五大一般競爭狀況，依次為：

1.主要競爭對手的目標與經營計畫。一半以上的企業(54％)表示重視此一項目。

2.主要競爭對手的優勢與弱點(41％)。

3.同業產能與擴充計畫(37％)。

4.主要競爭對手的經營背景與能力(36％)。

5.主要競爭對手的生產設備與方式(29％)。

在此五項一般競爭狀況之後，企業所重視的是：主要競爭對手(23％)及其對市場的重視程度(22％)、營業組織(16％)及潛在競爭者(13％)，而較不重視的是同業家數(10％)、主要競爭對手的財力與勢力(9％)和其用人方式(8％)。

第二節
產品價格最受重視

其次探討企業所重視的競爭產品狀況，表6：2所示，即為各企業所重視的三項競爭產品狀況彙總表。

表中顯示，企業最重視的三種主要競爭產品狀況，依次為：

1.價格。半數以上(54％)的企業最重視此項目。

	□表6:2　企業所重視的競爭者主要產品狀況□			
編號	主要競爭者狀況	頻次	%	重要順序
Ｘ１	產品項目	89	20.89	
Ｘ２	產品特徵	139	32.63	5
Ｘ３	營業額與市場占有率	214	50.23	2
Ｘ４	售後服務	72	16.90	
Ｘ５	新產品開發速度與方式	159	37.32	3
Ｘ６	顧客忠誠度	66	15.49	
Ｘ７	價格	232	54.46	1
Ｘ８	成本	150	35.21	4
Ｘ９	三年來價格變動情形	20	4.69	
Ｘ10	未來價格變動趨勢	92	21.60	

註1：N＝426

　2：百分比(%)之平均數在30以上即屬較受重視的項目。

2.營業額與市場占有率。同樣有半數(50%)企業重視此項目。

3.新產品開發速度與方式(37%)。

4.成本(35%)。

5.產品特徵(33%)。

在此五項之後，企業所重視的是未來價格變動趨勢(22%)、產品項目(21%)、售後服務(17%)和顧客忠誠度(15%)，最不受重視的是三年來價格變動情形(5%)。

第三節
營業管理方式不可忽略

最後探討企業所重視的競爭者通路與推廣狀況，表6：3所

編號	競爭者通路與推廣	頻次	%	重要順序
	□表6:3　企業所重視的主要競爭者通路與推廣狀況□			
X 1	配（經）銷方式	173	40.61	4
X 2	配（經）銷實力	198	46.48	2
X 3	經銷交易條件	190	44.60	3
X 4	經銷關係與趨勢	140	32.86	5
X 5	廣告商及廣告效果	41	9.62	
X 6	廣告媒體	25	5.87	
X 7	廣告預算	36	8.45	
X 8	公共及政府關係	60	14.08	
X 9	營業管理狀況	244	57.28	1
X10	促銷方式與效果	141	33.10	5

註1：N=426

　2：百分比(%)之平均數在30以上即屬較受重視的項目。

示，即爲各企業所重視的三項主要競爭者通路與推廣狀況彙總表。

　　此表顯示，企業最重視的競爭者通路與推廣狀況，依次爲：

　　1.業務員人數、素質、士氣、薪資與訓練等營業管理。有半數以上(57%)的企業最重視此項目。

　　2.配（經）銷實力(46%)。

　　3.經銷交易條件(45%)。

　　4.配銷方式(41%)。

　　5.促銷方式與效果(33%)及經銷關係與趨勢(33%)。

　　在這些項目之外，企業尚重視公共關係與政府關係(14%)，而對廣告商及廣告效果(10%)、廣告預算(8%)和廣告媒體(6%)較不重視。

　　如果將上述三種競爭狀況合併探討，則企業所重視的競爭狀況，大致爲主要競爭對手的下列情報：

　　1.營業管理方式(57%)。

　　2.價格(54%)。

　　3.目標與經營計畫(54%)。

　　4.營業額與市場占有率(50%)。

　　5.配銷或經銷實力(46%)。

　　6.經銷交易條件(45%)。

　　7.優勢與缺點(41%)。

　　8.配銷或經銷方式(41%)。

　　如果我們考慮到表6：1的原始項目較多，而將重視的廠商家數百分比加以調整，則最受企業重視的競爭情報，依次爲主要競爭對手的(1)目標與經營計畫、(2)營業管理方式、(3)產品價格、(4)營業額與市場占有率和(5)優勢與缺點。

第四節
脫離口號階段

　　綜合以上的探討，我們可以知道，企業在從事競爭分析時，絕不是盲目進行，而是要摒除漫無頭緒的做法，密切掌握本文所提之競爭情報中的重要項目，再兼及其他次要項目，則企業定可在有限人力、財力與時間限制下，做好競爭分析工作，而非僅停留在空喊「重視競爭」的階段。

第 7 章

企業競爭情報來源與其影響因素

企業在邁向競爭導向的時代中，各自選擇其競爭情報來源，以便對競爭對手有進一步的瞭解。本研究首先整理出企業採用的十五種競爭情報來源，以調查統計出採用各種來源的廠商數百分比，並將這些來源以因素分析找出三種類別，即「次級資料」、「調查資料」與「通路成員」。最後，本研究驗證影響企業競爭情報來源之十大變數，發現企業成立年數、主持人年齡與學歷、經銷主管學歷、公司規模(員工數)、外銷依存度、及企業所屬產業別等七項變數，顯著影響企業所採用之競爭情報來源。

第一節
導　論

一、研究意義與研究目的

組 織所面臨的產業環境，在近年來已愈趨動盪不定。如何因
應與昔日迥然不同的產業環境，尤其是產業環境中的競爭
情況，已成為現代企業經營管理上的主要課題。

早在二十年前，哈佛大學企業管理學院的勞倫斯(Paul　R.
Lawrence)與羅許(Jay W. Lorsch)教授，就曾指出：(Lawrence & Lorsch
1967)。

「具備特殊經濟與技術特性的產業環境，必須以獨特的競爭
策略來因應。適合於化學工業中的企業所採用的行銷、製造與研
究政策，將不能符合製造鋼鐵的企業之需要。」

這句話明白指出了，不同的產業有其獨特適用的競爭策略。
國內學者吳思華(1984)也曾研究十個產業，發現在不同的產業特質
（包括規模經濟利益潛能、產品線相關性、對市場獨占力量、對原料來源獨
占力量）下企業應採用不同的策略作為。

所有有關的研究，在在顯示出，擬定競爭策略的基本工作，
是要釐清企業與環境的關係。雖然與企業相關的環境相當廣闊，
包括經濟、人口、法律、政治及社會等動力，但最具影響力的是
企業每天寄身其間並與對手競爭的產業環境。產業競爭環境，特
別是產業結構，強烈地影響業者彼此間之競賽規則，並決定廠商

所能運用的策略手段。(Porter 1980:3)

由於瞭解產業結構，係策略分析的必要起點，在現代對於策略研究日趨普遍的今日，充分瞭解產業與競爭分析技術進而邁向競爭導向的時代，也就顯得更爲重要。(余朝權 1988) 在所有產業與競爭分析技術中，產業競爭情報來源之確認，實爲最首要的一環，同時也最爲大家所忽略。

一般人很容易就可以舉出政府統計數字、報章雜誌、市場調查、政府或公會統計數字，乃至於經銷商、業務員等是重要情報來源，但是，迄今爲止，各項競爭情報來源之相對重要性，以及影響其相對重要性之因素，並未受到應有的重視。由於競爭情報的蒐集可能耗費相當大的費用，同時是企業經常不斷要進行的工作，故慎選競爭情報來源，已是企業所刻不容緩之事。

本研究即是針對此一目的，試圖爲台灣企業找出各項競爭情報來源之相對重要性，進而分析其影響因素，俾企業可在有限的人力與經費下，從事產業競爭分析。

二、研究範圍、限制與架構

本研究係以台灣企業爲研究範圍，由於台灣小型企業衆多而不易進行適切的抽樣調查，同時在廠商數衆多且各家規模均甚小的完全競爭狀況下，企業是否應蒐集競爭情報並進而擬定適切的競爭策略，似乎已非小企業所應該關切者，因此，本研究實係以中大型企業爲研究對象。

在研究限制上，本研究由於樣本數較大，限於財力而無法對所有樣本採人員訪問，故部分問卷係以郵寄方式收回。

　　本研究之觀念性架構如圖7:1所示。在研究架構上，限於篇幅，將採用如圖7：2，研究之第一步，係確定競爭情報來源，第二步

□圖7:1　企業競爭情報來源分析之觀念架構□

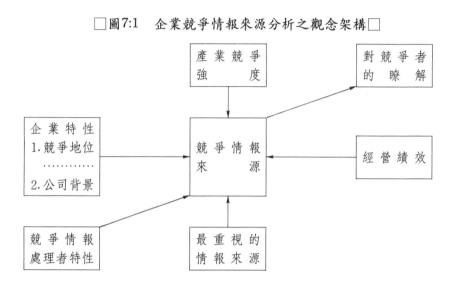

資料來源：(Conceptual Framework for Analysis of Competitive Information Sources)

□圖7:2　研究架構□

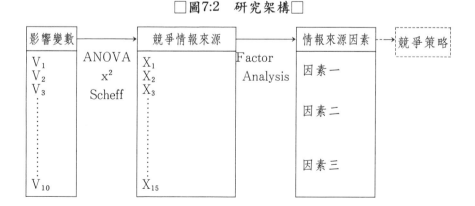

係找出競爭情報來源之因素，最後則探討影響企業採用不同情報來源之變數。

三、本文綱要

本文第一節旨在介紹本研究之意義、目的、範圍和架構，在第二節將檢討現有的理論與文獻，而在第三節中提出研究方法、抽樣與分析等設計，在第四節將描述有關情報來源之分析結果，第五節則探討影響競爭情報來源之背景變數，第六節提出情報處理者之影響，而在第七節作本文之結論。

第二節
理論背景

一、競爭情報來源及影響因素

企業蒐集競爭情報，主要是爲了瞭解競爭狀況，並據以擬定適切的競爭策略。更確切地說，企業蒐集競爭情報的目的有五項：
(Cleland & King 1975)

1.對主要競爭對手的能耐，掌握及時、可靠和詳盡的情報。

2.確定主要競爭對手的行動對本組織的利益有何影響。

3.持續監視競爭環境的狀況，查覺其對組織利益的影響。

4.對影響組織競爭地位的政治、經濟、法律、社會和科技系統保持詳盡可靠的瞭解。

5.以有效方式收集、分析和傳遞情報，並避免重複。

　　一般企業只要利用一些公開來源(open sources)，就可以獲得足
夠的情報來達到上述目的。這些公開來源可能是：業務員、商業
出版品、報章雜誌、顧客、經銷商、供應商、專門學會、地區商
會、政府機構、投資銀行、政府出版品、投資銀行、股東會議、
公司年報、專利公報、商業合約等。雖然也有人認爲，公開來源
仍屬不足，所以會發生間諜活動。(Bottom & Gallati 1984:26)但是，
只要再加上一些私下而合法的來源，如與同業主管私下接觸，或
自行進行市場調查和委託專業調查機構，則及時而詳盡的競爭情
報仍不難獲致，企業毋須採用非法的間諜行動。

　　然而，對於所有合法的情報收集來源，迄今僅有廣泛的列舉，
而缺乏深入的分析。Porter(1980)曾將來源分成兩類：一爲出版
品，另一爲現場資料來源。出版品來源包括：(1)產業研究報告、
(2)同業公會、(3)產業雜誌、(4)商業出版社、(5)公司名錄及統計資
料、(6)公司文件、(7)政府機關、和(8)地區報紙等其他來源。而現
場資料來源則包括：(1)同業、(2)供應商、(3)經銷商、(4)客戶、(5)
服務性機構等。作者亦曾將競爭情報來源區分成(1)初級資料來
源、(2)次級資料來源、和(3)特殊資料來源等三大類。(余朝權　1988)
Kelly(1987)則是對所有可能的情報來源，探索收集技巧，但並未眞
正區分各來源的重要性或類別。雖然Porter強調，企業在考慮特
定來源前，應先檢討進行產業分析的全盤策略，但是，確定各項
來源的實際利用情形或期望運用情形，仍有其必要。

　　Wall(1974)曾對1211位哈佛商業評論的主管讀者作過調查，
發現最常被利用的競爭情報來源，依次爲：

　　(1)公司業務員 (利用率48%)

(2)出版品(44%)

(3)與同業接觸(28%)

(4)顧客(27%)

(5)正式市場調查(27%)

(6)競爭品牌分析(24%)

(7)中間商 （經銷商） (18%)

(8)供應商(12%)

(9)同業的重要員工(11%)

(10)廣告公司與顧客(7%)

此一研究亦指出運用各種競爭情報來源最多的產業，有相當大的差異。然而根據Fuld(1985)的報導，情報尋找公司(Information Data Search)在1983年所做的研究，雖然樣本僅有13位市場研究或企劃主管而可能有統計上不顯著的問題，但結果是大多數主管均採用相同的競爭情報來源，不因其公司所屬產業不同而異。因此，瞭解不同公司 （或產業），背景下的競爭情報來源，以及對競爭情報來源作適度而縝密的分類，已是刻不容緩之事。

二、主要競爭情報來源

通盤而論，企業欲瞭解競爭對手的實情與動向，有相當多的情報來源。以一製造業內的企業來說，它可以透過企業週圍的有關機構和個人，來瞭解它的競爭對手，如圖7：3所示：

1.相同原 (物) 料供應商。由於這些供應商提供原 (物) 料給一產業的許多廠商，因此廠商也可以透過這些供應商瞭解競爭對手的進料、產量、營運等情形。

□圖7:3　製造業競爭情報來源示意圖□

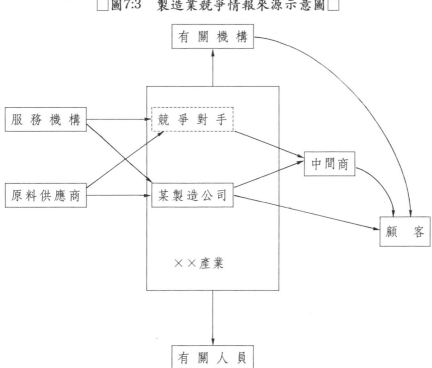

　　2.服務機構。服務機構提供運輸、保險、金融等服務，與原料供應商一樣，它們對一產業內許多廠商均或多或少有所瞭解。

　　3.中間商。中間商為生產廠商銷售商品，因此廠商亦可透過中間商瞭解另一競爭對手的銷售、產品、定價狀況。

　　4.顧客。顧客是最終使用商品的經濟單位，它們對產業內各廠商的產品具有某種程度的瞭解及特定的知覺或態度，故廠商可透過調查、訪問等各種方式，彙集到有關競爭對手的情報。

　　5.其他有關機構。產業內的廠商，基於某種原因，將樂於主

動提供自身的資訊給外界有關機構，如報章、雜誌、專業調查機構等；有時則是在不得已情況下提供這些資訊，如提供給政府、公會、徵信單位等。因此，廠商亦可透過公開或私下方式，取得有關競爭對手的情報。

6.其他有關個人。有許多人員，如會計師、律師、政府官員、經營顧問、產業專家、科技人員，對某一競爭廠商有深入瞭解，自然也是其他廠商請教競爭情報的對象。此外，有些人員恰好是競爭廠商的經營者、主管、員工或其親朋好友，而又與另一廠商有良好的私交，他們遂也成為競爭情報的來源之一。

綜合來說，任一製造廠商均擁有眾多的競爭情報來源，而其他如服務業廠商，亦擁有相當多的競爭情報來源。不過，這些情報來源眾多，如何加以簡化，並瞭解當前各企業採用何種來源，遂成為管理學界及實務界咸感興趣的主題。

迄今為止，有些人士認為，競爭情報可逕分為初級資料與次級資料，此一分類與一般資料之分類無異。而在初級資料和次級資料底下，再將其來源做細分。此一分類法仍嫌粗糙，而且對從事特定的競爭情報蒐集者而言，實務上的幫助不大。

還有一種說法，係按競爭情報來源屬機構或個人來分，再往下細分。此亦有其缺點，即實務上競爭情報的蒐集者在拜訪某機構內的從業人員後才取得競爭情報，此種情況將難以歸類為個人來源或機構來源，若同時獲得初級資料（如口頭意見）與次級資料（公開報表），更難以做適切分類。

本研究有鑑於此，特先蒐集所有有關的情報來源，將之彙總後，作初步施測，最後歸納出一般大眾均能辨認的十五種競爭情

報來源，並以之爲基礎，作進一步的分析。由於這十五種競爭情報來源的名稱均屬多數人耳熟能詳者，故不再進一步作解釋。

第三節
研究方法

一、研究設計

　　本研究基本上是一種敍述性研究(descriptive research)，採實證方式(empirical approach)，以抽樣調查(sampling)蒐集台灣企業正在採用的競爭情報來源，並根據初步發展出之研究假設，驗證各項影響競爭情報來源之變數。

　　在資料蒐集方法(data collection)上，本研究採用人員訪問(interviewing)與郵寄問卷兩種方式依次進行。人員訪問係在抽樣後先以電話和台北地區（包括台北市、台北縣、基隆市、桃園縣）之樣本廠商聯絡，安排以人員直接訪問，至於中南部樣本廠商則以寄發問卷方式爲主。

　　在資料蒐集工具方面，本研究採用問卷作爲主要工具。爲求問卷設計能趨於周延，曾於1987年先對台灣中大型企業三十家做開放式訪問。這些經過預試(pretest)的問卷，經修正後，再對樣本廠商作施測調查。

　　在實地蒐集資料方面，問卷訪問員均係大學企管系學生及助教研究生等，事前曾受過8小時訪問訓練，期使訪員偏差(interviewer bias)降至最低。

二、抽樣設計

本研究的母體,嚴格說來,是台灣所有企業。然而,台灣企業家數超過七十萬家,在抽樣時不易將所有企業放在一起作隨機抽樣(random sampling),故抽樣母體宜作適度調整;其次,對大多數小企業而言,競爭情報之蒐集頗受人力與財力有限的影響,以致無法作詳盡之情報蒐集與分析,故小企業並不適宜作為本研究主要母體。

基於以上兩個因素,本研究係以台灣大型企業作為母體,在抽樣時利用中華徵信所77年編「中華民國企業排名」內之廠商為母體,其中包括製造業1,646家,服務業519家,總計2,165家。

本研究限於經費,從這2,165家廠商中,隨機抽取1,000家,再分別按廠商地址作兩種處理。凡台北市地區之廠商,先以電話聯絡,以安排人員訪問為主,若廠商無法接受人員訪問,再要求以郵寄問卷進行調查。至於台北地區以外之廠,則一律以郵寄問卷為主,再分別以電話追蹤跟催問卷之補寄與回收作業。問卷於77年5月發出,7月回收完畢。總計本研究收回之問卷達460份,剔除填答不夠完整之問卷後,有效問卷為439份,其中尚含部份題目未填答者。[1]由於樣本數高達母體之25%以上,且係採隨機抽樣,故應足以代表母體之台灣大型企業。抽樣誤差主要來自拒絕受訪之企業。

底下簡單地描述樣本廠商之結構:

1.在439家樣本企業中,民營者428家占97%,公營者僅11家,占3%。

2.高科技企業有74家，占17%，非高科技者362家，占83%，另3家不詳。

3.在有填答員工數之433家企業中，76年平均員工數為876人，員工最多高達24,500人，最少為20人。

4.在有填答營業額之417家企業中，76年平均營業額為210,529萬元，最大營業額為742億元，最小為100萬元。

5.在有填答資本額之419家企業中，76年平均資本額為51,712萬元，最大資本額為200億元，最小為40萬元。

6.在已知經營績效之288家企業中，平均營業毛利率為4.27%，最高為34.58%，最低為-12.26%。平均資本報酬率為14.65%，最高為110.91%，最低為-192.22%。平均資產報酬率為5.73%，最高為46.53%，最低為-37.45%。

三、研究假設

本研究欲探討企業在何種情況下，較可能採取何種競爭情報來源。許多因素可能影響企業的競爭情報來源，本研究所欲探討者，則侷限在產業內與企業內之因素。

根據研究者三年來初步研究所得，本研究共提出十二個變數：(1)公司成立年數，(2)主持人年齡，(3)主持人學歷，(4)行銷主管年齡，(5)行銷主管學歷，(6)行銷主管年資，(7)公司規模，(8)外銷依存度，(9)主要產品生命週期，(10)產業類別，(11)科技水準，(12)配銷型態。

底下先說明這些變數的意義，及其對競爭情報來源之影響。

產業競爭分析專論

1.公司成立年數　　成立年數之長短，可能影響該公司所採用之競爭情報來源數。一般而言，公司成立愈久，愈瞭解公司可用(available)之競爭情報來源，因此，只要它願意，或認為應該去蒐集競爭情報，其實際所採用的情報來源也將愈多。

因此，本研究提出下列假設：

假設1：公司成立年數愈久，所採用的競爭情報來源也愈多。

2.主持人年齡　　主持人年齡大小，可能影響該公司該採用之競爭情報來源。一般而言，主持人年齡愈大，將愈有商場競爭經驗，故一方面可能發展出較多的情報來源，一方面也較重視競爭情報之蒐集。

因此，本研究提出下列假設：

假設2：公司主持人年齡愈大，所採用的競爭情報來源也愈多。

3.主持人學歷　　主持人學歷高低，可能影響該公司所採用之競爭情報來源。一般而言，主持人學歷愈高，愈會瞭解經營情報之重要性，因此也將愈重視及採用各種經營情報（包括競爭情報）來源。

因此，本研究提出下列假設：

假設3：公司主持人學歷愈高，所採用的競爭情報來源也愈多。

4.行銷主管年齡　　行銷主管的年齡大小也可能影響該公司所採用之競爭情報來源。一般而言，由於行銷主管負責公司行銷情報（包括競爭情報）之蒐集與分析，故其年齡愈大時，愈有商場經驗，故較可能擁有並採用較多的競爭情報來源。Taylor(1975)曾指出，年齡大的主管採用較多情報。因此，本研究提出下列假設：

假設4：公司行銷主管年齡愈大，所採用的競爭情報來源也愈多。

5.行銷主管學歷 行銷主管學歷愈高，正如公司主持人一樣，愈會瞭解經營情報之重要性，並重視與採用各種經營情報（包括競爭情報）來源。因此，本研究提出下列假設：

假設5：公司行銷主管學歷愈高，所採用的競爭情報來源也愈多。

6.行銷主管年資 行銷主管年資的深淺，也可能影響該公司所採用的競爭情報來源。一般而言，行銷主管年資愈深，愈擁有及採用較多的競爭情報來源。故本研究提出下列假設：

假設6：公司行銷主管年資愈深，所採用的競爭情報來源也愈多。

7.公司規模 公司規模大小，可能影響該公司所採用的競爭情報來源，一般而言，公司規模愈大，內部工作分工也愈細，因此較有可能設置專人蒐集各種競爭情報。Taylor(1975)曾指出，諸如道氏化學(Dow chemical)等大型製造業。此外，由於公司規模較大，也將較有財力運用各種競爭情報來源。因此，本研究提出下列假設：

假設7：公司規模愈大，所採用的競爭情報來源也愈多。

8.外銷依存度 企業的外銷依存度，可能影響該公司所採用的競爭情報來源。一般而言，我國外銷依存度較高的產業，乃是以國外市場爲主要市場，其當前多半係以原廠委託製造(OEM)方式爲國外代工，故所面臨的競爭情況，不僅有國內同業之競爭，且有其他東南亞國家及進口國同業之競爭，但因侷限於成本、效率之爭，故較不需要運用各類競爭情報來源，以便充分掌握競爭狀況。

反之，外銷依存度愈低而以內銷爲主之企業，在政府實施自

由化後，可能受到的政府保護日趨減少，諸如家電、汽車等業之競爭日益加劇，其競爭對手家數也日增，故可能較須重視競爭情報之蒐集，因此，本研究提出下列假設：

假設8：外銷依存度愈低的企業，所採用的競爭情報來源也愈多。

9.主要產品生命週期 公司主要產品所處之生命週期，也可能影響該公司所採用之競爭情報來源。一般而言，產品所處之生命週期階段不同時，對競爭情報的需求程度也將不同，因此，企業也宜根據主要產品所處之生命週期階段，在初期應多採用競爭情報來源，而在產品生命週期末期，則僅利用特定情報來源即已足夠。

因此，本研究提出下列假設：

假設9：公司主要產品處於生命週期前期時，所採用之競爭情報來源愈多。

10.產業類別 公司所屬產業不同，也可能影響該公司所採用的競爭情報來源。最典型的例證，即是服務業較少從中間商處獲取競爭情報。而產業類別可分成基本原料、製造、批發、零售及其他服務業，其間的差異應頗顯著。Wall(1974)的研究亦證實此點。

因此，本研究提出下列假設：

假設10：公司所處產業不同，其所採用之競爭情報來源亦不同。

11.科技水準 高科技企業因所屬產業技術變動快，故對各項競爭情報來源之利用，也應較多，俾能迅速掌握對手之科技變動狀況。因此，本研究提出下列假設：

假設11：高科技企業比非高科技企業採用較多之競爭情報來源。

12.配銷方式　　企業採用不同的配銷方式時，亦可能對不同的情報來源有所偏好。最簡單的推想為：企業不透過經銷商而作自行配銷時，即不可能從（其他）經銷處獲取競爭情報。

因此，本研究提出下列假設：

假設12：企業配銷方式不同時，其競爭情報來源亦將不同。

四、變數之操作性衡量

在前面各節中所發展出的構念(constructs)，必須進一步作操作性衡量，茲簡述如下：

公司成立年數係先衡量其成立於何年，再換算成迄1988年之成立年數，係一等比尺度。主持人與行銷主管之年齡，均係利用10歲作為間距，分成30歲以下，31－40歲，41－50歲，51－60歲60歲以上等五種。主持人與行銷主管之學歷，則分成小學、初中、高中（職）、大專和研究所（及以上）等五種。行銷主管年資則分成3年以下，3～5年，5～10年，10～20年，20年以上等五種。

公司規模採三種方式衡量之：一為員工人數，二為營業額，三為資本額，均為等比尺度。

外銷依存度係以公司營業額中外銷所占比率衡量之，係一等比尺度。主要產品生命週期係分成引入、發展、成長、成熟、衰退等五種階段，屬順序尺度。產業別則分成基本原料、製造、批發、零售和其他服務業，屬類別尺度。科技水準及配銷型態分別劃分為二種及五種類別。

五、分析方法

本研究所採用之分析方法，主要爲X檢定、變異數分析、皮爾森相關分析、Scheffe檢定、因素分析以及百分比法等。在電腦分析軟體上，採用的是SAS軟體程式。

第四節
競爭情報來源分析結果

一、競爭情報來源

企業在收集競爭情報時，所採用的情報來源情形，如表7：1所示。由表中可以看出，就全部樣本企業而言，最重要的情報來源爲顧客，有66.89％的企業以顧客爲競爭情報來源。其次，有66.21％的樣本企業以報章雜誌爲來源，而60.73％的樣本企業以市場調查來收集競爭情報。超過半數以上的樣本企業(52.74％)尚採用同業公會報刊作爲競爭情報來源。其次被採用的來源尚包括：經銷商(44.17％)、政府統計(47.49％)、原料供應商(46.12％)、及同業主管(44.06％)。

較少被採用的競爭情報來源，首推專業調查機構，不到$\frac{1}{5}$(19.41％)的樣本廠商以之爲情報來源。其次是信用調查報告(22.15％)、其他服務性機構(23.06％)及公司名錄(24.89％)等，均僅$\frac{1}{4}$以內的樣本廠商以之爲情報來源。

介於較常被採用與較少被採用之間的競爭情報來源，則是同

□表7:1 競爭情報來源□

項次 (變數)	競　爭　情　報　來　源	運用家數	百分比 (%)	運用家數	運用名次
X₁	產業研究報告	38.81		170	10
X₂	同業公會報刊	52.74		231	4
X₃	報章雜誌報導	66.21		290	2
X₄	商業或科技出版品	31.28		137	11
X₅	公司名錄	24.89		009	12
X₆	同業公開報表與文件	39.04		171	9
X₇	政府統計數字	47.49		208	6
X₈	與競爭同業主管私下接觸	44.06		193	8
X₉	相同原料供應商	46.12		202	7
X₁₀	經銷商（中間商）	48.17		211	5
X₁₁	顧客	66.89		293	1
X₁₂	信用調查報告	22.15		97	14
X₁₃	其他服務性機構	23.06		101	13
X₁₄	公司人員調查市場現況	60.73		266	3
X₁₅	委託專業調查機構	19.41		85	15

註：1. N＝438

　　2. 以下各表僅列出變數代號(X₁～X₁₅)，不再重複列示其內容名稱，僅在行文

　　　分析時，換用眞正名稱來解說。

業公報與文件(39.04%)、產業研究報告(38.81%)、商業或科技出版品

(31.28%)，約有$\frac{1}{3}$廠商以之爲情報來源。

二、競爭情報來源因素分析

　　企業在收集競爭情報方面，所運用的來源，已如表7：1所示。由於來源衆多，故有必要運用因素分析，將來源濃縮爲數個因素。

　　首先，吾人希望瞭解，這十五項競爭情報來源，彼此之間相關程度爲何。若相關程度甚低，自應單獨歸爲一類；若相關程度較高，則可能須合併爲另一類別，以利往後實務上競爭情報蒐集者之用。

　　由分析結果可以看出，大多數競爭情報來源之皮爾森相關係數，在0.43至0.15之間，均已達到0.001顯著水準，因而不得視之爲完全獨立之競爭情報來源。[2]換言之，在理論上，吾人可以將這些競爭情報來源，歸納爲少數的來源因素(factors)。

　　本研究所採用的因素分析方式，係以Promax做直交轉軸，分析結果[3]，特徵值(eigenvalues)大於1的有三個因素，累積所能解釋的變異量爲44.19%。其中，因素一解釋的變異量爲26.47%，而因素負荷高於0.5之變數包括X_1至X_7等七個，僅X_8之因素負荷爲0.33。因素二解釋的變異量爲9.63%，而因素負荷高於0.5之變數有X_{12}～X_{15}等四個。因素三解釋的變異量爲8.09%，而因素負荷高於0.5或接近0.5之變數，爲X_9～X_{13}。各項變數之因素結構或因素負荷，如表7：2所示。

　　仔細探究因素一所包括之變數項目，吾人可以爲之取一適當名稱，即「次級資料來源」，因素二則可稱爲「調查資料來源」，

□表7:2　競爭情報來源之因素結構□

	因素一	因素二	因素三
X_2	0.69929	-0.02622	0.04794
X_1	0.70727	0.32261	0.07516
X_3	0.63443	0.19352	0.06794
X_7	0.67734	0.34127	0.06545
X_6	0.63277	0.26916	0.20201
X_4	0.60343	0.41258	0.28761
X_5	0.53631	0.28681	0.32405
X_8	0.33488	0.25882	0.29020
X_{15}	0.24561	0.74744	-0.03107
X_{14}	0.07840	0.58659	0.23911
X_{13}	0.37878	0.65649	0.20500
X_{12}	0.43402	0.62013	0.08750
X_{11}	0.14378	0.03513	0.74411
X_9	0.14184	0.15527	0.69347
X_{10}	0.12411	0.42998	0.48581

因素三則可稱爲「通路成員來源」。因此，企業所採用之競爭情報
來源，主要可分成三大類：「次級資料來源」、「調查資料來源」
和「通路成員」。

第五節
影響競爭情報來源之背景變數

　　本節將探討十二項公司背景變數對競爭情報來源之影響。由

於競爭情報來源多達十五個，爲免調查資訊之流失淹沒，決定不利用經過因素分析後之情報來源因素作爲分析基礎，而仍以十五項來源直接作分析，同時也驗證本文所做的十項假設。

一、公司成立年數之影響

公司成立年數不同時，所採用之競爭情報來源情形，如表7：3所示。此表係對十五項來源變數所作之十五個變異數分析之彙總表，限於篇幅，各變異數分析詳細之計算數值，均予以省略。

由表7：3可以看出，公司成立年數不同，其所利用的競爭情報來源，大多數並無顯著差異。其中僅有三項達到$\alpha = 0.05$之顯著差異水準：

1.經銷商。凡成立年數愈久之企業，其以經銷商爲競爭情報來源者，也愈多，變異數分析結果達到0.05顯著水準。理由可能是彼此關係較深，故能從經銷商處獲取競爭同業的情報。

2.同業主管。凡成立年數愈久之企業，其以同業主管爲競爭情報來源者也愈多，變異數分析結果達到0.05顯著水準。理由可能是彼此在同一行業較久，關係良好，樂於採用公開競爭方式，另一理由則爲彼此間可能存有相互依存關係(如共同決定產業的供給量或產能)，故經常彼此交換情報和意見。

3.其他服務機構。凡成立年數愈久之企業，利用其他服務機構獲取競爭情報者也愈多，變異數分析結果，達到0.05顯著水準。理由可能是這些成立較久的公司，與服務機構的關係較佳而較易獲得有關競爭對手的情報。另一理由則是成立年數愈久的企業，較願意透過其他服務機構，以付費方式取得競爭情報。

□表7:3　公司成立年數與競爭情報來源之變異數分析□

競爭情報來源變數	F值	P值	顯著性
X_1	0.421	0.5166	
X_2	0.961	0.3276	
X_3	0.004	0.9476	
X_4	0.307	0.5797	
X_5	0.778	0.3784	
X_6	0.123	0.6450	
X_7	0.391	0.5319	
X_8	4.889	0.0276	*
X_9	0.588	0.4438	
X_{10}	5.024	0.0255	*
X_{11}	0.707	0.4008	
X_{12}	2.876	0.0906	
X_{13}	4.496	0.0345	*
X_{14}	2.407	0.1216	
X_{15}	0.018	0.8946	

註 1. $N = 432$

2.　＊：$P \leq 0.05$顯著水準

綜上所述，本研究之假設1獲得部分之驗證，此即：「成立年數愈久之企業，顯著地採用較多的同業主管、經銷商和其他服務機構，作為競爭情報來源。」

二、主持人年齡之影響

公司主持人年齡大小不同時，所採用之競爭情報來源，經過

十五個變異數分析的結果，彙總如表7：4所示。

　　由表7：4可以看出，公司主持人年齡與公司所採用的競爭情報來源間，大多數並無顯著差異。其中，僅「公司名錄」一項有差異且達到0.05顯著水準，原因可能係公司主持人年齡愈小者，愈喜歡保留產業內同業公司名錄，並以之作爲競爭情報來源。而年齡大者對對手名稱已相當清楚。因此，本研究之假設2亦獲得部分支持，此即：「公司主持人年齡愈小，顯著地較常採用同業公司名錄爲競爭情報來源。」

□表7:4　公司主持人年齡與競爭情報來源之變異數分析□

競爭情報來源變數	F值	P值	顯著性
X_1	0.85	0.4957	
X_2	1.73	0.1434	
X_3	0.57	0.6869	
X_4	0.75	0.5617	
X_5	2.40	0.0492	＊
X_6	1.06	0.3735	
X_7	1.40	0.2335	
X_8	0.57	0.6873	
X_9	0.90	0.4614	
X_{10}	0.40	0.8092	
X_{11}	1.02	0.3984	
X_{12}	0.34	0.8537	
X_{13}	1.12	0.3456	
X_{14}	1.61	0.1709	
X_{15}	0.55	0.7014	

　　註1. N＝437

　　　2. ＊：達0.05顯著水準

三、主持人學歷之影響

公司主持人學歷高低不同時，所採用之競爭情報來源，經過十五次變異數分析的結果[4]，僅同業公會報刊一項達0.01顯著水準。再利用Scheffe測驗（表7:5），發現學歷為初中國中畢業之企業主持人，遠比其他學歷之企業主持人，較不採用同業公會報刊作為競爭情報來源。此點若從整體觀之，應該意指學歷愈低者，愈不重視同業公會報刊，但小學畢業以下者，可能比較樂於多採用同業公會報刊，以彌補其學歷之不足，不過，其平均數比高中以上學歷者之差距，並未達到顯著性水準。

因此，本研究之假設所獲得的部分驗證，可描述為：

□表7:5　主持人學歷不同下採用同業報刊之Scheffe檢定□

學歷比較	平均數之差異量	達到0.05顯著水準
初中對小學	−0.47619	＊
初中對高中	−0.36190	＊
初中對大專	−0.35920	＊
初中對研究所	−0.43860	＊
高中對小學	−0.11429	
高中對大專	0.00271	
高中對研究所	−0.07669	
大專對小學	−0.11700	
大專對研究所	−0.07940	
研究所對小學	−0.03759	

＊：達0.05顯著水準

「公司主持人學歷爲初中畢業者，顯著地少用同業報刊作爲
競爭情報來源。」

四、行銷主管年齡之影響

公司行銷主管之年齡大小不同時，所採用之競爭情報來源，
經過十五個變異數分析之結果，並無顯著性差異[5]。進一步推究其
原因，可能係行銷主管之生理年齡，與其對競爭之重視情形，無
絕對之關係。

五、行銷主管學歷之影響

公司行銷主管學歷高低不同時，所採用之競爭情報來源，經
過十五個變異數分析之結果，彙總如表7：6所示。

表7:6顯示，行銷主管學歷，對企業競爭情報來源之利用，有
顯著的影響。其中，五種競爭情報來源在變異數分析下，達到0.05
至0.001之顯著性差異。底下分別說明之：

1.報章雜誌報導。行銷主管學歷愈高之企業，愈多利用報章
雜誌報導，變異數分析結果達到0.001顯著水準。進一步利用
Scheffe測驗檢定結果，發現行銷主管學歷在研究所以上者，比學
歷在高中高職畢業者，顯著地多利用報章雜誌報導，如表7:7所示。
推究其原因，不外乎學歷愈高，愈懂得從報章雜誌的報導中瞭解
競爭對手。

2.信用調查報告。行銷主管學歷愈高者，愈多利用信用調查
報告，變異數分析結果達到0.01顯著水準。進一步利用Scheffe測
驗檢定結果，發現行銷主管學歷在研究所以上者，比行銷主管學

□表7:6　行銷主管學歷與競爭情報來源之變異數分析□

來源變數	F 值	P 值	顯著性
X 1	2.78	0.0263	*
X 2	1.45	0.2167	
X 3	5.37	0.0003	* * *
X 4	1.72	0.1438	
X 5	1.67	0.1566	
X 6	2.56	0.0380	*
X 7	4.02	0.0033	* *
X 8	0.74	0.5645	
X 9	0.34	0.8508	
X10	1.85	0.1184	
X11	1.05	0.3789	
X12	4.55	0.0013	* *
X13	2.14	0.0756	
X14	0.87	0.4848	
X15	1.50	0.2022	

N＝431

* ：達0.05顯著水準

* * ：達0.01顯著水準

* * * ：達0.001顯著水準

□表7:7　行銷主管學歷不同下採用報章雜誌之Scheffe檢定□

行銷主管學歷比較a	平均數之差異	達到0.05顯著水準
2-5	0.13043	
2-4	0.32927	
2-3	0.50909	
2-1	1.00000	
5-2	-0.13043	
5-4	0.19883	
5-3	0.37866	*
5-1	0.86957	
4-2	-0.32927	
4-3	0.17982	

註a 1：小學，2：初（國）中，3：高中（職），4：大專，5：研究所

　＊：達0.05顯著水準

歷在大專和在高中高職畢業者，顯著地多利用信用調查報告。[6]推究其原因，不外乎學歷高達研究所以上者，較懂得利用各方所提供的信用調查報告，但行銷主管學歷若低到只有初中畢業或以下，也開始願意多利用信用調查報告，以彌補其學歷之不足。

　　3.政府統計數字。行銷主管學歷愈高者，愈多利用政府統計數字，變異數分析結果達到0.01顯著水準。進一步利用Scheffe檢定之結果顯示，行銷主管學歷在研究所以上者，比學歷在高中高職畢業者，顯著地多利用政府統計數字。

　　4.產業研究報告。行銷主管學歷愈高者，愈多利用產業研究報告，變異數分析結果達0.05顯著水準。進一步利用Scheffe測驗檢定的結果，顯示行銷主管學歷在研究所以上者，比學歷在高中高職畢業者，顯著地多利用產業研究報告。

5.同業公開報表。行銷主管學歷愈高者，愈多利用同業公開報表及文件，變異數分析結果，達到0.05顯著水準。不過，進一步利用Scheffe測驗檢定之結果，各種學歷間並無顯著差異。

綜合以上之探討，本研究之假設5所獲得之部分驗證，可描述爲：「公司行銷主管之學歷愈高者，愈多利用報章雜誌報導、信用調查報告、政府統計數字、及產業研究報告作爲競爭情報來源。」

六、行銷主管年資之影響

公司行銷主管之年資深淺不同時，所採用之競爭情報來源，經過十五個變異數分析之結果，彙總如表7:8所示。表7:8顯示，行銷主管年資對競爭情報來源，大多數並無顯著影響，僅「原料供應商」這一來源，在變異數分析下，達到0.05顯著水準。此顯示年資愈短，愈希望從供應商處獲取有關競爭對手的情報。不過，進一步利用Scheffe測驗檢定的結果，發現不同年資組間，並未達到0.05之顯著差異水準。

七、公司規模

公司規模對競爭情報來源可能有影響，尤其是以員工數表示公司規模時，員工愈多之企業，愈可能利用較多種競爭情報來源。爲求簡化起見，首先將員工在500人以上歸類爲大企業，而500人以下歸類爲中小企業。

表7:9顯示以員工數表示之公司規模對企業所利用之九種競爭情報來源，有顯著的影響，其影響程度依大小排列，分別是：

1.政府統計數字

□表7:8　行銷主管年資與競爭情報來源之變異數分析□

來源變數	F值	P值	顯著性
X 1	0.89	0.4681	
X 2	0.68	0.6065	
X 3	0.23	0.9215	
X 4	0.48	0.7514	
X 5	0.64	0.6357	
X 6	0.80	0.5249	
X 7	0.91	0.4602	
X 8	0.65	0.6237	
X 9	2.50	0.0421	*
X10	1.03	0.3934	
X11	0.18	0.9477	
X12	1.05	0.3828	
X13	1.21	0.3060	
X14	1.74	0.1404	
X15	0.76	0.5507	

N = 433

* ：達0.05顯著水準

2. 產業研究報告

3. 同業公開報表

4. 公司市場調查

5. 信用調查報告

6. 報章雜誌報導

7. 商業或科技出版

8. 同業公會報刊

□表7:9　公司規模（員工數多寡）與競爭情報來源之變異數分析□

來源變數	F 值	P 值	顯著性
X_1	26.99	.0001	＊＊＊
X_2	8.03	.0048	＊＊
X_3	11.12	.0009	＊＊＊
X_4	10.67	.0012	＊＊
X_5	3.43	.0645	
X_6	14.05	.0002	＊＊＊
X_7	35.07	.0001	＊＊＊
X_8	3.38	.0666	
X_9	1.61	.2055	
X_{10}	3.08	.0799	
X_{11}	0.05	.8183	
X_{12}	13.14	.0003	＊＊＊
X_{13}	3.05	.0815	
X_{14}	13.69	.0002	＊＊＊
X_{15}	4.25	.0399	＊

$N = 437, n_1 = 130$（大企業），$n_2 = 308$（中小企業）

＊　：達0.05顯著水準

＊＊　：達0.01顯著水準

＊＊＊：達0.001顯著水準

9.專業調查機構

在這些項目上，利用Scheffe測驗檢定之結果，均顯示大企業比中小企業更多利用上述九種競爭情報來源，如表7：10所示。

如果我們以營業額代表公司規模，則營業額對競爭情報來源就無多大影響。在變異數分析中，僅「專業調查機構」一項係有顯著差異的競爭情報來源（達到0.05顯著水準）。換言之，公司營業額

□表7:10 大企業與中小企業利用競爭情報來源之比率用Scheffe檢
定顯著差異者□

競爭情報來源	大企業	中小企業
政府統計數字	68.46%	38.64%
產業研究報告	56.92%	31.17%
同業公開報表	52.31%	33.44%
公司市場調查	73.85%	55.20%
信用調查報告	33.08%	17.53%
報章雜誌報導品	77.69%	61.36%
商業科技出版	42.31%	26.62%
同業公會報刊	63.08%	48.38%
專業調查機構	25.39%	16.88%

愈大，愈有財力花錢聘用專業調查機構來蒐集競爭情報；反之，
營業額較小者，較沒有財力聘用專業調查機構。

　　如果我們以資本額代表公司規模，則資本額對競爭情報來源
亦無多大影響。在變異數分析中，同樣亦僅「專業調查機構」一
項係有顯著差異的競爭情報來源（達到0.05顯著水準）。其理由與營
業額大小相同，即公司資本額愈大，愈有財力聘用專業調查機構
來蒐集競爭情報。

　　綜合以上所探討者，本研究所提出之假設7，獲得了大部分的
驗證，此可描述為：「企業員工人數愈多，所採用之競爭情報來
源也愈多；而企業之資本額或營業額愈大，愈會聘用專業調查機
構收集競爭情報。」

八、外銷依存度之影響

　　外銷依存度之高低，對企業所採用之競爭情報來源之影響，

利用十五個變異數分析之結果，彙總如表7：11所示。

由表中可以看出，企業的外銷依存度，顯著影響到其是否採用「市場調查」、「其他服務性機構」、「同業公報與文件」、「同業主管」、和「委託專業機構」來蒐集競爭資料。由於上述來源係在內銷市場上較常被採用者，吾人認為內銷（以內銷為主）企業較多採用這五種情報來源。

為求對此一論點作進一步之求證，本研究將外銷比例低於50％者定義為內銷企業，高於50％者定義為外銷企業，並分別計算其採用各項競爭情報來源之百分比，同時再以Scheffe之測驗檢定之，其結果如表7：12所示。

由此表可以看出，內銷企業所採用的競爭情報來源中，最常被運用的依次為：

1.報章雜誌報導(68.99％)

2.公司市場調查(67.25％)

3.顧客(65.16％)

4.同業公會報刊(53.31％)

5.經銷商（中間商）(50.52％)

這些來源均有50％以上的內銷企業採用。其次是政府統計數字及同業主管（各為48.43％）、同業報表（44.25％）、原料供應商（43.55％）、和產業研究報告（39.72％）。其餘來源較少被採用。

而在以外銷為主的企業內，較常被採用的競爭情報來源，依次為：

1.顧客(70.20％)

2.報章雜誌報導(60.93％)

□表7:11　外銷依存度與競爭情報來源之變異數分析□

變數	X^2值	P值機率	顯著水準
X 1	0.29	0.5917	
X 2	0.11	0.7424	
X 3	2.88	0.0904	
X 4	2.46	0.1174	
X 5	0.02	0.8935	
X 6	9.66	0.0020	* *
X 7	0.30	0.5867	
X 8	6.51	0.0111	*
X 9	2.20	0.1383	
X10	1.84	0.1757	
X11	1.13	0.2876	
X12	2.43	0.1195	
X13	11.11	0.0009	* * *
X14	15.27	0.0001	* * *
X15	5.64	0.0180	*

N = 437

　* ：達0.05顯著水準($F_{0.05} = 3.86$)

　* * ：達0.01顯著水準

* * * ：達0.001顯著水準

□表7:12　外銷依存度與競爭情報來源之Scheffe測驗□

	內銷企業 $n_1 = 287$	外銷企業 $n_2 = 151$	Scheffe檢定 達0.05顯著
X 1	39.72%	37.09%	
X 2	53.31%	51.66%	
X 3	68.99%	60.93%	
X 4	33.80%	26.49%	
X 5	25.09%	24.50%	
X 6	44.25%	29.14%	＊ ＊
X 7	48.43%	45.70%	
X 8	48.43%	35.76%	＊
X 9	43.55%	50.99%	
X10	50.52%	43.71%	
X11	65.16%	70.20%	
X12	24.39%	17.88%	
X13	27.88%	13.91%	＊ ＊ ＊
X14	67.25%	48.34%	＊ ＊ ＊
X15	22.65%	13.25%	＊

　＊　：達0.05顯著水準
　＊＊　：達0.01顯著水準
＊＊＊：達0.001顯著水準

3.同業公會報刊(51.66％)

4.原料供應商(50.99％)

5.公司市場調查(48.34％)

外銷企業在這六項與內銷企業最大的差異,在於採用「顧客」作為首要競爭情報來源。而經銷商或中間商較不受外銷企業之重視。

此外,若純從內銷企業與外銷企業在競爭情報來源的差異上言,則最大差異來自(1)利用其他服務機構和(2)公司市場調查,兩者均達0.001顯著水準,其次是同業公開報表,達0.01顯著水準,

而與同業主管接觸及委託專業調查機構兩項，亦達0.05顯著水準。

換言之，內銷企業顯著地較外銷企業更重視下述五種競爭情報來源：

1.公司市場調查

2.其他服務機構

3.同業公開報表

4.與同業主管接觸

5.委託專業調查機構

此種現象可以解釋如下：

1.外銷企業可能有較多採OEM（原廠委託製造）方式經營者，故毋須再做市場調查；或是外銷企業之市場廣闊故難以實地作市場調查。

2.其他服務機構較少能提供外國的競爭情報，故外銷企業較少採用。

3.外銷企業較難取得同業公開報表，而無法運用，或因採用OEM方式經營，故不重視同業公開報表。

4.由於地理上距離較遠或因言語難以溝通，外銷企業較難與國外競爭同業主管接觸。

5.國外專業調查機構索資較高，故外銷企業較不樂意委託他們做調查。

因此，本研究之假設8亦獲得了部分的驗證，並可描述為：「內銷企業較多利用市場調查、同業報刊、同業主管及其他服務性機構與委託專業調查機構蒐集競爭情報。」

九、產品生命週期之影響

　　企業之主要產品所處之生命週期階段，其對競爭情報來源之影響，透過十五個變異數分析之結果，彙總如表7：13所示。

　　由此表可以看出，企業的主要產品在不同的生命週期下，仍可能在下列情報來源上有顯著差異：在採用「產業研究報告」、「同業公開報表」、及「其他服務機構」三者上，均達到0.05顯著水準。進一步利用Scheffe測驗結果，並未發現處於5個生命週期階段之各企業，彼此有顯著差異。但綜合觀之，則產品生命週期較早期者，較常利用產業研究報告、同業公開報表和其他服務機構。

　　推測此一研究結果之原因，可能係處於產品生命週期早期之企業，爲了改善或強化自身的競爭地位，比較積極地從上述來源中獲取競爭情報，而處於生命週期階段較末期之企業，則已不願意耗費人力財力，再從這些來源去獲取競爭情報。

十、產業不同之影響

　　企業所處產業不同時，其採用各種競爭情報來源之家數百分比，及其十五個卡方(X^2)檢定結果，彙總列於表7：14所示。

　　由此表可以看出，基本原料業較多採用的競爭情報來源，依次爲：

1.顧客(84%)

2.公司市場調查(65%)

3.報章雜誌報導(57%)

4.供應商(57%)

□表7:13　產品生命週期下競爭情報來源之變異數分析□

	F值	P值	顯著性
X 1	2.51	0.0414	*
X 2	2.15	0.0733	
X 3	1.45	0.2156	
X 4	1.92	0.1062	
X 5	2.12	0.0780	
X 6	2.41	0.0486	*
X 7	1.91	0.1074	
X 8	0.48	0.7489	
X 9	0.77	0.5452	
X10	1.04	0.3874	
X11	0.21	0.9349	
X12	1.91	0.1073	
X13	2.43	0.0471	*
X14	1.54	0.1885	
X15	2.06	0.0848	

N = 439

* ：達0.05顯著水準

5.經銷商(54%)

而一般製造業較多採用的競爭情報來源，依次為：

1.顧客(67%)

2.報章雜誌報導(66%)

3.公司市場調查(60%)

4.供應商(56%)

5.同業公會報刊(56%)

至於較多批發經銷業採用的競爭情報來源，依次為：

1.公司市場調查(68%)

□表7:14　**不同產業下競爭情報來源之卡方檢定　(a)(b)兩表**□

來源	基本原料業 n_1=37	製造業 n_2=283	批發業 n_3=31	零售業 n_4=8	其他服務業 n_5=73	x^2	P	顯著性
X 1	30%	41%	32%	38%	38%	2.597	0.627	
X 2	49%	56%	45%	50%	47%	3.184	0.527	
X 3	57%	66%	65%	75%	73%	3.157	0.532	
X 4	24%	33%	42%	13%	29%	4.173	0.383	
X 5	22%	23%	35%	38%	25%	3.287	0.511	
X 6	22%	37%	39%	50%	52%	10.627	0.031	*
X 7	43%	48%	55%	38%	42%	2.083	0.721	
X 8	32%	42%	58%	38%	51%	6.393	0.172	
X 9	57%	56%	26%	37%	11%	54.165	0.000	* * *
X10	54%	54%	55%	36%	22%	25.061	0.000	* * *
X11	84%	67%	61%	75%	58%	8.377	0.079	
X12	11%	23%	35%	25%	19%	6.460	0.167	
X13	16%	20%	45%	38%	26%	12.221	0.016	*
X14	65%	60%	68%	63%	62%	0.929	0.920	
X15	16%	20%	26%	25%	15%	2.123	0.713	

N = 432

　　 * ：達0.05顯著水準
　 * * ：達0.01顯著水準
* * * ：達0.001顯著水準較多

2.報章雜誌報導(65%)

3.顧客(61%)

4.同業主管(58%)

5.中間商或政府統計(55%)

零售業採用的競爭情報來源，依次為：

1.報章雜誌報導(75%)

2.經銷商(75%)

3.公司市場調查(63％)

4.同業公會報刊(50％)

5.同業公開報表(50％)

其他服務業較多採用的競爭情報來源，依次爲：

1.報章雜誌報導(73％)

2.公司市場調查(62％)

3.顧客(58％)

4.同業公開報表(52％)

5.同業主管(51％)

　　若純就單一企業情報來源的角度言，則各產業在利用原料供應商、經銷商方面有極顯著的差異。($\alpha < 0.001$)。在利用供應商作爲競爭情報來源方面，主要爲製造業（包括基本原料業），而服務業則較少。

　　而在經銷商方面，則是未透過經銷商的零售業及其他服務業，較少有採用此一情報來源者。

　　其次，在其他服務機構的利用上，各產業間差異亦達0.05顯著水準，亦即批發業利用最多（45％），依次是零售業（38％）、其他服務業(26％)、製造業（20％）與基本原料業（16％）。

　　至於公司名錄的利用上，各產業間差異亦達0.05顯著水準，亦即其他服務業（52％）與零售業（50％）利用最多，其次是批發業（39％）與製造業（37％），最少爲基本原料業(22％)。

　　綜合以上所述，本研究之假設10已獲得充分之支持，此可描述爲：「隸屬不同產業之企業，所採用之競爭情報來源有顯著差異。」

十一、科技水準之影響

科技水準不同下，企業所採用之競爭情報來源，如表7：15所示。

從表中可看出，高科技企業比非高科技企業，顯著使用較多的商業或科技出版品、透過經銷商與顧客、及利用市場調查。

至於兩類企業都利用的情報來源，仍是報章雜誌與同業公會報刊。

十二、配銷型態之影響

配銷型態不同時，企業所採用之企業情報來源，其十五個變異數分析結果，彙總如表7：16所示。

由此表可以看出，企業配銷型態與某些企業情報來源間，仍有顯著的關係。其中，在利用配銷商（中間商）方面，達到0.001顯著水準，而利用顧客、專業調查機構與其他服務機構方面，則達0.05顯著水準。

進一步利用Scheffe測驗檢定（表7：17）下，發現(1)在利用經銷商方面，有顯著性差異的，來自公司配銷型態大部分採自營者，因無經銷商，故也較少從經銷商處獲取競爭情報，此點可由表7：18之交叉表看出。(2)在利用顧客、專業調查機構與其他服務機構方面，則無顯著差異。

因此，假設12在此亦獲得部分驗證。

□表7:15　高科技企業與非高科技企業之競爭情報來源卡方檢定□

來源變數	高科技企業 採用此來源% ($n_1 = 74$)	非高科技企業 採用此來源% ($n_2 = 362$)	X^2	P	顯著性
X_1	45%	38%	1.278	0.258	
X_2	53%	53%	0.000	0.993	
X_3	73%	65%	1.902	0.168	
X_4	49%	27%	13.041	0.000	＊＊＊
X_5	32.43%	23%	2.808	0.094	
X_6	36.49%	39%	0.194	0.659	
X_7	57%	45%	3.233	0.072	
X_8	45%	44%	0.022	0.881	
X_9	50%	45%	0.612	0.434	
X_{10}	62%	46%	6.765	0.009	＊＊
X_{11}	78%	64%	5.436	0.020	＊
X_{12}	23%	22%	0.047	0.828	
X_{13}	22%	23%	0.087	0.768	
X_{14}	72%	59%	4.220	0.040	＊
X_{15}	24%	18%	1.466	0.226	

＊　：達0.05顯著水準

＊＊　：達0.01顯著水準

＊＊＊　：達0.001顯著水準

□表7:16　配銷型態與競爭情報來源之變異數分析□

來源變數	F	P	顯著性
X_1	1.18	0.3190	
X_2	0.21	0.9342	
X_3	0.15	0.9631	
X_4	2.19	0.0692	
X_5	1.62	0.1682	
X_6	1.35	0.2490	
X_7	0.75	0.5564	
X_8	1.03	0.3902	
X_9	0.56	0.6886	
X_{10}	13.15	0.0001	＊ ＊ ＊
X_{11}	2.53	0.0403	＊
X_{12}	1.38	0.2413	
X_{13}	2.97	0.0194	＊
X_{14}	1.58	0.1797	
X_{15}	2.82	0.0247	＊

N＝439

＊：達0.05顯著水準

＊＊：達0.01顯著水準

＊＊＊：達0.001顯著水準

□表7:17　配銷型態對利用經銷商爲來源之Scheffe檢定□

配銷型態比較	平均數差異	0.05顯著性
1-2	-0.09808	
3-2	-0.16143	
3-1	-0.06366	
4-2	-0.26563	＊ ＊ ＊
4-1	-0.16755	
4-3	-0.10420	
5-2	-0.48943	＊ ＊ ＊
5-1	-0.39136	＊ ＊ ＊
5-3	-0.32800	＊ ＊ ＊
5-4	-0.22380	＊ ＊ ＊

註：1：完全經銷，2：大部分經銷，3：經銷與直營，4：大部分直營，
　　5：完全直營。下表亦同。

□表7:18　配銷型態與利用經銷商來源之交叉表□

頻　　次　% 列　　% 行　　%	配銷型態					小　　計
	1	2	3	4	5	
未利用經銷商	9 2.06 4.02 37.50	18 4.13 8.04 27.69	64 14.68 28.57 43.84	51 11.70 22.77 54.26	82 18.81 36.61 76.64	224 51.38
利用經銷商	15 3.44 7.08 62.50	47 10.78 22.17 72.31	82 18.81 38.68 56.16	43 9.86 20.28 45.74	25 5.73 11.79 23.36	212 48.62
小　　計	24 5.50	65 14.91	146 33.49	94 21.56	107 24.54	436 100.00

十三、影響競爭情報來源之因素綜合分析

　　根據前述各節之分析，吾人可以得出一個結論，即影響競爭情報來源之變數甚多，因此在本節中做一綜合性探討。

　　表7：19即係所有顯著影響競爭情報來源之變數彙總表。在表中的變數，均已通過一次或兩次統計檢定過程，故可信度甚高。從表中可看出，影響最大的是公司員工人數，這可以顯示人多勢眾、專業分工的特質。其次是內銷比率，此點顯示臺灣實施自由化與國際化的明顯衝擊。第三是產業類別，即不同產業的企業採用不同的情報來源。第四是行銷主管學歷，學歷高將使其更重視報章雜誌與各類次級資料。第五是公司成立年數及科技水準，成立愈久及科技水準愈高，都可能採用較多來源。其餘尚包括：主持人年齡小、學歷低（初中）、公司營業額或資本額大、或非自行配銷產品等變數。

第六節
競爭情報處理者對來源之影響

　　競爭情報的處理人員，包括收集者、分析者與使用者三類，這些人員對於情報的來源，或多或少有影響。

　　在收集者方面，吾人將探討其職務類別與經驗之影響，同時也注意員工全體的反應情形。在分析者方面，吾人將探索不同分析單位下的影響。在使用者方面，吾人將探討不同層級使用者下的影響。

產業競爭分析專論

□表7:19　顯著影響競爭情報來源之背景變數□

影　　響　　因　　素	影響項數	顯著較常使用之競爭情報來源
1.成立年數愈久	3	同業主管、服務機構、中間商
2.主持人年齡愈小	1	公司名錄
3.主持人爲初中學歷以外者	1	同業公會報刊
4.行銷主管學歷愈高	4	報章雜誌、信用調查報告、政府統計、產業研究
5.公司員工數愈多	9	政府統計、產業研究、同業公開報表、市場調查、信用調查、報章雜誌、商業或科技出版品、同業公會報刊、專業調查機構
6.公司營業額或資本額愈大	1	專業調查機構
7.內銷比率愈高	5	市場調查、服務機構、同業公開報表、同業主管、專業調查機構
8.產業類別	4	供應商、中間商、服務機構、同業公開報表
9.科技水準愈高		商業或科技出版品、中間商、顧客、市場調查
10.非自行配銷者	1	中間商

　　表7：20即係收集者職稱對來源之105個卡方檢定彙總表。

　　由表中可以看出下列事實：

　　1.企業以業務員收集情報時，其所採用的情報來源以「經銷商」、「顧客」及「市場調查」爲顯著較多。

　　2.企業以服務人員收集競爭情報時，將大量採用各種情報來源，僅「同業公會報刊」與「委託專業調查機構」未達顯著水準。

　　3.企業以採購人員收集競爭情報時，顯著地以利用「原料供應商」、「經銷商」、「顧客」和「公司名錄」、「商業或科技出版品」爲較多。

　　4.企業以市場調查人員收集競爭情報時，顯著地大量採用各

種情報來源，僅「原料供應商」和「顧客」未達顯著水準。

　　5.企業以工程師收集競爭情報時，顯著地大量採用各種情報來源，僅「委託專業調查機構」作得差不多。

　　6.企業以中級主管收集競爭情報時，亦顯著地大量採用各種情報來源，僅「供應商」、「經銷商」、「顧客」和「自行調查市場」未達顯著水準。

　　7.企業以高級主管收集競爭情報時，顯著地較多採用「顧客」、「供應商」、和「同業主管」為情報來源。

　　其次探討收集者經驗的影響，此可由表7：21所彙總之十五變異數分析顯示出來。

　　由表中可以看出，競爭情報收集者的經驗愈多，愈重視「產業研究報告」與「同業主管」兩項競爭情報來源。此點頗值得一般企業之注意。

　　表7：22則顯示員工向公司反應競爭情報時，公司所注意的情報來源分析彙總表。此表顯示，員工愈向公司反應競爭情報，企業就愈重視「顧客」、「同業主管」和「市場調查」等三項情報來源。

　　接著探討分析者的影響。此可由十五個卡方檢定彙總的表7：23顯示出來。由表中可以看出，分析者不同，企業也將在採用「同業主管」、「市場調查」與「委託專業調查機構」等來源上有顯著差異。

　　最後，吾人探討使用競爭情報者不同時的影響。此點可由表7：24之變異數分析彙總表顯示出。

　　由表中可以看出，企業若有人利用競爭情報，則顯著地大量

□表7:20　　情報蒐集人員職稱與競爭情報來源之卡方檢定□

	業務員 x^2	服務員 x^2	採購員 x^2	市調員 x^2	工程師 x^2	中級主管 x^2	高級主管 x^2
X_1	0.902	8.228**	0.680	18.756***	11.730***	21.035***	1.192
X_2	1.158	3.392	1.394	12.389***	6.423*	10.623***	0.132
X_3	1.403	4.201*	0.616	17.396***	7.280**	11.333***	0.356
X_4	0.816	15.349***	4.127*	16.323***	33.073***	6.975**	1.989
X_5	1.354	7.131**	6.335*	6.752**	7.850**	9.235**	0.086
X_6	0.282	6.607	0.003	27.197***	9.749**	32.029***	1.312
X_7	0.319	4.868*	2.139	45.468***	16.605***	21.938***	0.412
X_8	0.176	10.082***	1.237	15.215***	6.530*	7.201**	7.648**
X_9	2.031	6.223*	60.686***	0.037	11.347***	0.011	9.085**
X_{10}	13.835***	9.158**	4.813*	12.922***	4.892	2.330	0.017
X_{11}	4.346*	10.160***	4.775*	0.955	9.548**	0.717	9.915**
X_{12}	2.480	11.992***	0.071	12.572***	4.381*	8.572**	0.548
X_{13}	2.322	21.320***	1.073	23.873***	4.577*	14.408***	0.346
X_{14}	7.310**	9.896**	0.285	41.583***	3.872*	2.216	2.405
X_{15}	0.342	2.609	0.568	39.681***	1.042	6.678**	0.011

＊　：達0.05顯著水準
＊＊：達0.01顯著水準
＊＊＊：達0.001顯著水準
　　N＝438

□表7:21　　情報收集人員經驗與競爭情報來源之變異數分析□

來源變數	F值	P值	顯著性
X_1	2.45	0.0458	＊
X_2	0.67	0.6139	
X_3	1.06	0.3739	
X_4	0.99	0.4104	
X_5	0.86	0.4882	
X_6	1.02	0.3951	
X_7	1.54	0.1905	
X_8	2.87	0.0227	＊
X_9	0.39	0.9151	
X_{10}	0.68	0.6035	
X_{11}	1.58	0.1792	
X_{12}	0.97	0.4232	
X_{13}	0.18	0.9469	
X_{14}	1.50	0.2017	
X_{15}	0.98	0.4199	

＊　：達0.05顯著水準

□表7:22　員工反應與情報來源之變異數分析□

來源變數	F 值	P	顯著性
X_1	1.21	0.3040	
X_2	0.17	0.9518	
X_3	1.44	0.2190	
X_4	1.46	0.2127	
X_5	0.35	0.8408	
X_6	0.63	0.6424	
X_7	0.26	0.9048	
X_8	3.33	0.0106	＊
X_9	1.32	0.2604	
X_{10}	0.69	0.6692	
X_{11}	4.13	0.0027	＊ ＊
X_{12}	1.73	0.1424	
X_{13}	2.03	0.0893	
X_{14}	2.94	0.0204	＊
X_{15}	0.94	0.4420	

＊＊：達0.01顯著水準

□表7:23　競爭情報分析者與情報來源之檢定□

來源變數	x^2值	P	顯著性
X_1	3.619	0.460	
X_2	4.627	0.328	
X_3	5.519	0.238	
X_4	3.932	0.415	
X_5	2.951	0.566	
X_6	3.764	0.439	
X_7	6.750	0.150	
X_8	9.968	0.041	＊
X_9	1.783	0.776	
X_{10}	5.877	0.208	
X_{11}	2.267	0.687	
X_{12}	8.379	0.079	
X_{13}	9.148	0.058	
X_{14}	11.774	0.019	＊
X_{15}	12.916	0.012	＊

N＝438

＊：達0.05顯著水準

□表7:24　競爭情報使用者與情報來源之變異數分析□

來源變數	F值	P值	基層人員	基層主管	中層主管	高級主管
X_1	5.45	0.0001***			*	
X_2	4.92	0.0002***	*	*	*	
X_3	6.77	0.0001***	*	*	*	
X_4	7.03	0.0001***	*	*	*	*
X_5	3.02	0.0108*		*	*	
X_6	8.63	0.0001***	*	*	*	
X_7	8.74	0.0001***	*	*	*	
X_8	4.75	0.0003***	*	*	*	
X_9	1.44	0.2089				
X_{10}	4.54	0.0005***	*	*		
X_{11}	1.68	0.1382				
X_{12}	5.10	0.0001***	*	*	*	
X_{13}	7.61	0.0001***	*	*	*	
X_{14}	7.09	0.0001***	*	*	*	*
X_{15}	2.70	0.0203*		*	*	

*：達0.05顯著水準

＊＊：達0.01顯著水準

＊＊＊：達0.001顯著水準

採用各種情報來源，僅供應商和顧客兩種來源未達顯著水準。

分開言之，在其餘十三項來源中，若企業採用基層人員利用情報，則僅產業研究報告、公司名錄、和專業調查機構未顯著較多被採用。

若企業以基層主管利用情報，則僅產業研究報告和專業調查機構未顯著較多被利用。

若公司以中級主管利用情報，則僅經銷商一項來源未顯著較多被利用。

若公司由高級主管使用情報，則顯著較多利用的是市場調查與商業（科技）出版品。

綜合言之，公司若不利用競爭情報，或僅由高級主管利用情報，其所採用的情報來源將顯著地較少。

總結本節的探討，吾人可以用表7：25的彙總來做說明。由表中可以看出，競爭情報收集者若包括工程師、市調人員、服務人員與中級主管，其採用的情報來源也較多。其次，情報使用者包括中級主管和基層主管與人員，其採用的情報來源也較多。若情報收集者包括採購人員或業務員、高級主管、或其經驗較豐富，以及員工反應愈多，亦有顯著地多採用3至5項來源。此外，情報分析者不同，或使用者為高級主管時，亦顯著地多採用2至3項情報來源。

綜上所述，競爭情報的處理者，無論是收集者、分析者或使用者，其特性有別時，亦影響到情報來源之種類。

□表7:25　*競爭情報處理者對來源之顯著影響*□

處理者特性	顯著利用較多的來源	項數
1.收集者有業務員	經銷商、顧客、市場調查	3
2.收集者有服務人員	大量採用（同業報刊與專業調查機構除外）	13
3.收集者有採購人員	供應商、經銷商、顧客、公司名錄、商業或科技出版品	5
4.收集者有市調人員	大量採用（供應商與顧客除外）	13
5.收集有工程師	大量採用（委託專業調查機構除外）	14
6.收集者有中級主管	大量採用（供應商、經銷商、顧客與市場調查例外）	11
7.收集者有高級主管	顧客、供應商、同業主管	3
8.收集者經驗愈多	產業研究報告、同業主管	2
9.員工反應愈多	顧客、同業主管、市場調查	3
10.分析者不同	同業主管、市場調查、專業調查機構	3
11.使用者有基層人員	大量採用（產業研究報告、公司名錄與專業調查機構除外）	15
12.使用者有基層主管	大量採用（產業研究報告與專業調查機構除外）	13
13.使用者有中層主管	大量採用（經銷商除外）	14
14.使用者有高級主管	市場調查、商業或科技出版品	2

第七節
結論與建議

　　根據本研究的實證結果，顯示各企業採用的競爭情報來源比例不一，且在不考慮取得競爭情報的成本下，企業仍將因其背景不同及情報處理者不同，而在利用情報來源方面，有顯著差異。

　　競爭情報的類別，透過因素分析的結果，可以歸納成「次級資料來源」、「調查資料來源」、和「通路成員來源」三大類。此一

結果與一般學者的分類仍有不同，此即「通路成員來源」是一相當明確的類別，實務界人士可利用之獲得次級資料或初級資料，因而不得逕將之劃歸爲次級資料或初級資料來源內。

在影響情報來源之變數中，員工數、內銷比率、產業類別等是較重要的變數，其餘如行銷主管學歷等7項變數亦有顯著影響，因此，企業在收集情報時，須注意企業本身的背景，並避免忽略某些情報來源。同樣地，情報處理者特性亦有顯著影響，企業也宜注意收集者應愈多愈好，使用者應有中基層人員等，才能掌握充裕的情報來源。

在後續研究方面，由於尙有許多影響情報來源的變數尙未被探討，研究者建議將企業再做細分，如本研究採樣中的公營企業不足，而無法做公民營企業比較。此外，諸如產業特性、企業競爭地位等，都可能與競爭情報來源有關，值得進一步探討。

最後，限於篇幅，本研究並未探討不同情報來源下，企業經營績效、對競爭瞭解度等，是否有所影響，此亦將是未來研究的方向。

註　釋

1　問卷中有些題目不一定適用於特定廠商，例如對服務業而言，有關通路的題目即不太適用。此類問卷當然應該保留，而不得視之為無效問卷。

2　為節省篇幅，皮爾森相關係數表從略，有興趣之讀者請參閱余朝權，「企業競爭情報來源與其影響因素之研究」，東吳經濟商學學報，第九／十期，民79年3月，頁162。

3　同上註，頁163。

3　同上註，頁168。

5　同上註，頁169。

6　自信用調查報告至同業公開報表，有四個Scheffe檢定表從略，請參閱上註，頁171～173。

第 8 章

產業競爭強度之分析

產業競爭強度及其影響力，是政府與業界一致關切的議題，本研究以十七項變數來描述台灣產業之競爭之強度，其中以「廠商競爭意願」與「政府不保護程度」讓樣本廠商感到最強烈。十七項變數在運用因素分析後，得出「產業自由化」、「產業吸引力」、「產業進出障礙」、「產業壟斷性」、「產品同質性」和「上下游動盪性」等六個因素。其次，本文亦探討產業競爭強度對情報來源之影響，結果顯示，競爭愈強，企業愈會採用更多的競爭情報來源。

第一節
導　論

台　灣的經濟目前正籠罩在一片自由化與國際化聲中，如
　　何選擇特定的產業來放寬經濟管制，或撤銷保護網，
乃是政府與企業一致關切而且時生爭論的議題。同樣地，在
面臨經濟變局時，企業如何評估現處產業是否有過度競爭而
應加以規避，或是偵測出競爭程度低的產業並籌劃投入其
間，也是每一位經營者所不得不面對的問題。欲回答這些問
題，有必要對產業競爭強度(competitiveness, competitive intensify)或
程度(degree)有透澈的瞭解。

　　由於學者們對於產業競爭強度的定義和衡量，眾說紛紜，使
政府界實務界人士無以依循，本研究即希望利用因素分析方式，
確定構成產業競爭強度的因素，同時也找出台灣企業所面臨的競
爭強度，以供參考。

　　其次，吾人亦希望瞭解，在不同產業競爭狀況下，企業將有
何因應措施上的差異。本研究選擇競爭情報來源作為探討對象，
亦即希望驗證產業競爭程度愈強時，企業是否將尋求更多競爭情
報來源，俾可蒐集更多競爭情報，作為擬定經營策略或競爭策略
之基礎。

第二節
產業競爭強度理論

一、競爭的本質

競爭是自由經濟體系內最常見的互動現象之一。在經濟學領域中，對競爭的探討甚多，以至於McNulty〔11〕慨嘆「競爭的定義雖然最基本，但也最模糊不清。」

競爭定義的模糊，基本上來自觀點上的差異。一類觀點是站在社會的立場，例如Anderson〔3〕即是站在社會觀點探討競爭的優缺點，一般經濟學者亦採此觀點。另一類觀點係站在企業的立場，例如陳定國〔2〕對企業競爭的定義：「在選定的市場裡。能夠滿足消費者的需求或慾望，成為重要而有利可圖的供應者」。本研究即是採取企業觀點。

企業所面臨的競爭，尚可區分成遙遠的業際(inter-industry)競爭與密切的業內(intra-industry)競爭，或逕將競爭者分成慾求(desire)、基本(generic)、品型(product form)和品牌(brand)等四類。(Kotler〔9〕)指出愈是後者，彼此的競爭也愈趨劇烈。

不過，在一產業內，各企業所感受到的競爭強度可能不一，即使是在競爭最劇烈的產業內，二企業之間可能採取共謀(collusion)、沈默合作(tacit cooperation)、良性敵對(healthy rivalry)或有限戰爭(limited warfare)，而不一定要爆發全面戰爭(total war)[1]。上述這五種名詞可代表二企業間競爭的程度，但一產業通常由數家乃至數

十、數百家企業所構成，上述競爭程度的分類法顯然即不適用。

二、產業競爭強度之衡量

有關產業內競爭強度的衡量，一直相當分歧。Massel〔10〕曾指出，學者們一般採用產業（市場）結構、廠商行為和產業績效三者來描述競爭。產業結構可從下列角度探討之：(1)廠商家數，(2)廠商集中度，(3)進入障礙，(4)買賣雙方之地理分佈，(5)廠商垂直整合程度，(6)產品差異化，(7)廠商獨立性，(8)市場情報可得性，和(9)對抗力(countervailing power)。

競爭廠商的行為中，可顯示競爭強度的有：(1)合謀、(2)聯合抵制或杯葛、(3)有意的呼應(parallelism)、(4)價格領袖存在、(5)基點定價法、(6)價格彈性、(7)價格變動頻率、(8)價格歧視等。至於產業績效，則可從(1)利潤及毛利率、(2)將成本節省轉給顧客、(3)因應顧客需求而改變行銷作法，及(4)創新速度等四種角度來觀察產業競爭強度。

在這三者中，Asch〔4〕認為結構面最受重視。底下亦先從此點探討之。

1.廠商家數　　經濟學者在探討產業競爭時，通常先按廠商家數多寡，將產業劃分成獨占、寡占、獨占性競爭和完全競爭等數種或更多種，以顯示其競爭強度之不同。但是，吾人很容易看出，同屬寡占產業，其競爭強度也有很大不同。Fama與Laffer〔6〕特別指出：「競爭程度與產業內廠商數無顯著相關，只要有兩家以上企業存在於某一產業內，即有可能處於完全競爭狀態。由此可見，廠商數僅能當做瞭解產業競爭程度的指標之一，而不可完全

以之代表競爭程度。」本研究因考慮其他可能影響廠商數之變數較多，故本因素不予探討。

2.產業集中率 產業集中率指產業內最大數家廠商占產業銷量的百分比。(Porter〔14〕)一般認爲，產業集中率愈高，競爭程度愈低。然而，競爭程度低將帶來無效率的看法，卻不一定在高產業集中率的產業中出現。(OECD〔13〕)故產業集中率亦不能當作唯一指標。

3.進入障礙與退出障礙 進入障礙係使廠商不願意到某一似乎有吸引力的產業去投資的力量。(Harrigan〔7〕)產業由於進入障礙高，競爭的廠商將較少，長期而言將比較有利可圖。(Bain〔5〕余朝權〔1〕)因此，進入障礙亦可視爲維持現有供需平衡，免使競爭強度加劇的指標之一。相對地，退出障礙亦將影響廠商退出產業的能力，特別是在衰退的產業中(Newman, Logan & Hegarty〔12〕)，故亦爲產業競爭強度指標之一。

4.價格變動頻率 在競爭劇烈的產業內，廠商常以降價作爲爭奪市場與反擊的手段，故價格變動率不失爲一競爭強度指標。惟價格可能因其他狀況（如供需失調）而變動，故價格變動頻率不能當作唯一指標。

5.投資報酬率 產業的投資報酬率，常隨競爭情況的增減而呈反方向變動，故投資報酬率亦爲顯示產業競爭強度之指標之一。惟投資報酬率係競爭後的果，以果推因，通常不能當作唯一指標。

6.破產家數比例 產業內破產廠商家數比例愈高，通常代表競爭愈劇烈。不過，破產原因亦可能來自經濟不景氣等其他因

素，故破產家數比例亦不可視爲唯一指標。

　　7.**競爭意願**　　企業競爭意願低，產業將趨於合作或合謀，致使產業競爭強度趨減。但因有時意願雖低，卻不得不爲了生存而競爭，故意願亦不可當作唯一指標。

　　8.**競爭者實力**　　競爭者實力若相當，彼此競爭將劇烈；反之，若實力相差很大，競爭強度對實力強者而言即低，對實力弱者而言可能就高。故相對實力亦爲重要指標之一。

　　9.**遵守行規**(market discipline)　　遵守行規代表廠商遵守競爭倫理，不做非法或惡性的競爭行爲，故競爭強度較低。因而遵守行規的程度亦可代表部分的競爭強度。

　　10.**市場需求與顧客談判力**　　市場需求強勁或顧客談判力低時，廠商彼此之間毋須劇烈競爭即可享有較高利潤，故產業競爭強度也將較低。

　　11.**產品差異性**　　企業的產品彼此差異性愈高，愈能避免正面的競爭，使產品競爭強度相對減弱，故產品差異性亦不失爲競爭強度指標之一。

　　12.**原料取得難易**　　原料容易取得，廠商即須去競逐原料，故競爭強度趨緩，反之，原料供應商之談判力若增強，廠商自須花較大人力與財力去競爭這些資源。

　　13.**政府保護**　　政府保護下的產業，其競爭程度低且常有超額利潤，係一般熟知的狀況。反之，政府提倡自由化而撤除保護，則競爭將加劇。

　　14.**利益團體壓力**　　利益團體的壓力愈強，廠商彼此間也就較難合謀，故競爭將加劇；反之，若利益團體的壓力弱，廠商

彼此間可能不一定要彼此劇烈競爭。

以上所探討的變數，在衡量上共分成十七項，除此以外，諸如市場占有率之變動率、領導廠商之存在與否等，均與此十七項變數呈密切相關，故不予探討。

三、競爭情報來源與產業競爭強度

學者們對競爭情報來源之探討，一向不多。雖然大家公認取得競爭情報的重要性，但從何處獲得競爭情報，卻少有研究。

本研究綜合Porter〔15〕、Kelly〔8〕、Wall & Shin〔16〕等學者之說法，列出可能的十五個來源，已於前一章述及，此處不贅。

產業競爭強度較強時，個別企業必須經常收集競爭同業的動態情報，作爲擬定因應策略之基礎。然而，實務上企業將從何種來源獲取情報，一直未有深入的研究。本研究認爲，由於情報來源甚多，若企業未能有所取捨，在競爭加劇時，即不分來源地去收集情報，成本可能甚高，而且不一定能獲得適用的資料。

因此，本研究提出一個假設，即競爭程度愈強的產業內，企業將愈常採用某些情報來源。

問卷中的產業競爭狀況，係以七點尺度測量之，競爭情報來源則以有、無二分法測量之。

分析方法則利用SAS電腦程式，作平均數、標準差、相關分析、變異數分析、因素分析等分析。

第三節
台灣產業之競爭強度

台灣產業之競爭強度,以十七項競爭狀況分開計算,結果如表8:1所示。在樣本廠商的知覺中,各變數以1代表程度最低(弱),以7代表最高(強),而4爲中位數。

□表8:1 台灣產業競爭狀況□

變數	競爭狀況變數名稱	平均數	順序	標準差
1.	同業競爭意願	5.65	1	1.42
3.	違背行規程度	4.58	4	1.64
4.	產業分散率	3.73	12	1.75
5.	產品價格變動性	4.08	11	1.88
6.	投資報酬率下降程度	4.17	8	1.65
7.	破產家數比例	2.46	16	1.64
8.	同業管理能力	4.10	10	1.41
9.	容易進入程度	3.50	15	1.74
10.	顧客談判力	4.42	6	1.40
11.	產品無差異性	4.38	7	1.58
12.	產業吸引力	4.14	9	1.65
13.	供應商談判力	3.61	13	1.60
14.	政府不保護程度	5.32	2	1.80
15.	市場需求微弱程度	5.11	3	1.27
16.	退出障礙	3.60	14	1.84
17.	利益團體壓力	3.50	15	1.76

N＝439

研究結果顯示,在各競爭狀況變數中,樣本廠商感到最強烈

的,是「同業競爭意願」、「政府不保護程度」、與「市場需求微弱」三者,換言之,廠商已感受到政府自由化政策的影響,同業彼此競爭意願高漲,而且市場需求減弱。其次是「違背行規程度」、「相對競爭實力」與「顧客談判力」與「產品無差異性」等四項;換言之,廠商認為同業不太遵守行規,相對競爭實力差異擴大,而且顧客談判力增強,同業彼此之產品無差異性。接著是「投資報酬率下降」、「產業吸引力」、「同業管理能力」和「產品價格變動性」等四項;換言之,廠商認為產業的吸引力還蠻高,但是同業的管理能力強,導致產品價格不太穩定,而且投資報酬率下降。以上十項變數係顯示台灣產業競爭狀況較激烈的一面,其平均數均在4.0以上。

　　至於變數平均數在4.0以下者,共計六項代表產業競爭狀況較不激烈。其中,數值最低者,首推「破產家數比例」,平均數為2.46,亦即各產業內破產家數不高,此可能係競爭後的企業大都尚能倖存。其次是「進入障礙」與「利益團體壓力」兩項,平均數均為3.50,意指各產業的進入障礙不低,不太容易進入,且利益團體壓力也不高,故不會造成太大產業競爭壓力。最後三項平均數在3.60至3.80之間(如表8:1),分別是「退出障礙」、「供應商談判力」、和「產業分散率」,意指企業尚能退出本產業,本產業最大二廠商之市場占有率低於40%,且供應商談判力不高,原料還算容易取得。

　　總體而言,將十七項變數加總後,台灣產業的競爭強度,其平均數為4.17,可說是具有中等($\bar{X}=4.0$)以上的競爭強度。此代表樣本廠商認為其所處產業有中等的競爭強度,考其原因,可能

係政府自由化政策所引起的心理，或是實際情形確實如此。

第四節
產業競爭強度之因素分析

　　由於一般公認可資代表產業競爭強度之十七項變數，分別擁有不同的數值，因而有必要以因素分析將之劃分爲幾種類別，以節省實務上研判競爭強度時據以選用變數之依據。

　　首先作這十七項變數之皮爾森相關分析，結果除同業相對競爭實力與其他變數無顯著相關外，其餘十六項變數間之相關情形大多達到顯著水準，因此適合於進行十六項變數之因素分析。[2]

　　本研究利用Promax爲直交轉軸的方式，找出特徵值大於 1 的因素有六個，累積解釋變異量爲 56.13%，如表 8：2 所示。其中，因素一解釋變異量爲14.92%，包含 4 個因素負荷高於0.45的變數，如表 8：3 所示，這四個變數代表產業內的同業彼此管理能力強而沒有默契勾結，政府保護程度低，外在利益團體壓力大，因此可命名爲「產業自由化」因素。

　　因素二解釋變異量爲10.49%，包含三個因素負荷高於0.5的變數，如表 8：4 所示。這三個變數代表產業的市場需求強勁，對潛在競爭者有吸引力，同業彼此有強烈的競爭意願，故可定名爲「產業吸引力」因素。

　　因素三解釋變異量爲 9.14%，包括二個因素負荷高於 0.5 的變數，如表 8：5 所示。這兩個變數代表進出本產業的難易程度，故可命名爲「產業進出障礙」因素。進出障礙均低，顯然是完全競

產業競爭分析專論

□表8:2　產業競爭強度之因素分析結果□

因素	名　　　稱	特徵值	解釋變異量(%)	累積解釋變異量(%)
一	產業自由化	2.3869	14.92	14.92
二	產業吸引力	1.6784	10.49	25.41
三	產業進出障礙	1.4622	9.14	34.55
四	產業壟斷性	1.3149	8.22	42.76
五	產品同質性	1.0951	6.84	49.61
六	上下游動盪性	1.0433	6.52	56.13

□表8:3　產業競爭強度因素一之內容□

因素	產業自由化	因素負荷	解釋變異
1.	同業遵守行規(R)	0.6478	
2.	政府保護程度(R)	0.6407	14.92%
3.	利益團體壓力	-0.5845	
4.	同業管理能力	-0.4529	

註：R代表此變數的分數在探討競爭強度時應反向計算。以下五表均同。

□表8:4　產業競爭強度因素二之內容□

因素	產業吸引力	因素負荷	解釋變異
1.	同業競爭意願	0.7200	
2.	產業市場需求	0.7145	10.49%
3.	對欲進入者之吸引力	0.5082	

□表8:5　產業競爭強度因素三之內容□

因素	產業進出障礙	因素負荷	解釋變異
1.	其他公司進入本產業之容易度	0.7575	
2.	同業要退出本產業之困難度	-0.6167	9.14%

爭──競爭最劇烈的產業狀況下的情形。

因素四解釋變異量為 8.22%，包括三個因素負荷高於 0.5 的變數，如表8：6所示。這三個變數代表於本產業未被少數廠商壟斷，投資報酬率下降而破產家數比率高，故可定名為「產業壟斷性」。

因素五解釋變異量為 6.84%，其中因素負荷高於 0.5 的有兩個變數，如表8：7所示。此二變數代表產業內的產品差異性大小與顧客談判力高低，故可命名為「產品同質性」因素。

因素六解釋變異量為 6.52%，其中，因素負荷高於 0.5 的變數

□表8:6　產業競爭強度因素四之內容□

因素	產業壟斷性	因素負荷	解釋變異
1.	最大二廠商之市場占有率(R)	0.6458	
2.	過去三年平均投資報酬率上升(R)	0.6110	8.22%
3.	過去三年破產家數比率	-0.5196	8.22%

□表8:7　產業競爭強度因素五之內容□

因素	產品同質性	因素負荷	解釋變異
1.	顧客談判力	0.7538	6.84%
2.	產品差異性(R)	-0.7014	6.84%

有兩個，如表8：8所示。此二變數代表產業與上游及下游之關係，故可命名為「上下游動盪性」因素。

總結以上六個因素，吾人可以說，當產業的吸引力高而邁向自由化、進出障礙低、壟斷性低、上下游動盪時，產業的競爭強度也達到最高。

□表8:8　產業競爭強度因素六之內容□

因素	上下游動盪性	因素負荷	解釋變異
1.	原料取得困難度	0.7404	6.52%
2.	過去三年產品價格穩定度	-0.6946	6.52%

第五節
產業競爭狀況對競爭情報來源之影響

　　本研究所做的假設，係產業競爭狀況不同時，其競爭情報來源亦將有所不同。更確切地說，本研究認為，競爭趨於劇烈的產業內，將有更多企業採用各種情報來源，俾可獲得較多情報，以作為決策依據。

　　首先檢視個別產業競爭變數之影響。利用變異數分析的結果，顯示有十個產業競爭變數確實對企業之競爭情報來源有顯著（$\alpha = 0.05$）的影響。限於篇幅，底下謹將這些有顯著影響的變數，及分析結果之 F 值與 P 值列出於下：

　　1.在同業競爭意願較高的產業內，較多企業採用「產業研究報告」（$F = 2.21$，$P = 0.0414$）及「中間商」（$F = 2.35$，$P = 0.0301$）來收集競爭情報。

　　2.在同業競爭實力相差較大的產業內，較多企業採用「報章雜誌」（$F = 3.20$，$P = 0.0067$ 及「同業公開報表」（$F = 2.78$，$P = 0.0117$ 而較少企業採用「商業或科技出版品」（$F = 2.29$，$P = 0.0342$）收集競爭情報。

3.在同業嚴守行規的產業內，較多企業採用「產業研究報告」（F ＝ 2.64，P ＝ 0.0158)、「報章雜誌」（F ＝ 2.56，P ＝ 0.0189)、「同業公開報表」（F ＝ 2.23，P ＝ 0.0395)和「政府統計」（F ＝ 2.20，P ＝ 0.0422)收集競爭情報。

4.在同業管理能力較強的產業內，較多企業採用「產業研究報告」（F ＝ 2.96，P ＝ 0.0076)收集競爭情報。

5.在顧客談判力較強的產業內，較多企業採用「同業公開報表」（F ＝ 2.68，P ＝ 0.0145)收集競爭情報。

6.在產品差異性較低的產業內，較多企業採用「產業研究報告」（F ＝ 2.21，P ＝ 0.0145) 收集競爭情報。

7.在產業吸引力較高時，較多企業採用「公司名錄」（F ＝ 3.00，P ＝ 0.0069) 與 「服務機構」收集競爭情報。

8.在政府保護較少的產業內，較多企業採用「供應商」（F ＝ 2.71，P ＝ 0.0136) 收集競爭情報，而較少企業採用「政府統計」（F ＝ 2.81， P ＝ 0.0109)。

9.在市場需求較強勁的產業內，較多企業採用「報章雜誌」（F ＝ 2.44， P ＝ 0.0250) 及「同業公開報表」（F ＝ 2.34，P ＝ 0.0312)收集競爭情報。

10.在利益團體壓力較強的產業內，較多企業採用「產業調查」（F ＝ 2.35，P ＝ 0.0302)、「同業公開報表」（F ＝ 5.59，P ＝ 0.0001) 及「市場調查」（F ＝ 3.96，P ＝ 0.0007) 收集競爭情報，而較少企業採用「信用調查報告」（F ＝ 2.59，P ＝ 0.0176) 收集情報。

以上結果顯示，在競爭較劇烈的產業內，可能有較大比例的廠商多利用「產業研究報告」、「同業公開報表」、「報章雜誌」及

「供應商」、「中間商」、「服務機構」、「公司名錄」或「市場調查」，但顯著較少利用「商業與科技出版品」及「信用調查」，而「政府統計」則較不一定，至於其他情報來源則無顯著差異。

由於吾人在前面已利用因素分析，將所有產業競爭變數分析成六個因素，因此，再利用這六個因素及整體產業競爭強度作為自變數，探討其影響，結果如表8:9所示。

由表8：9中可以看出，就整體產業競爭強度（V 9）而言，當產業競爭強度愈強，就有愈多企業採用「同業公開報表」、「其他服務機構」、「市場調查」、「中間商」及「政府統計數字」來收集情報。

分開就各項產業競爭因素而言，則吾人可從表中看出一些趨勢並詳論之：

1.在「產業自由化」程度（F1）愈高時，愈多廠商採用「中間商」、「市場調查」和「同業公會報刊」來收集競爭情報。

2.在「產業吸引力」程度（F2）愈高時，愈多廠商採用各種競爭情報來源，包括「政府統計」、「服務機構」、「公司名錄」、「同業公開報表」、「市場調查」、「產業研究報告」、「報章雜誌」、「同業主管」、「專業調查機構」等，但較少廠商利用「信用調查報告」及「商業或科技出版品」。

3.在「產業進出障礙」(F3)較小時，愈多廠商以「供應商」和「中間商」收集情報。此點與吾人一般想法吻合，即進出障礙小時，廠商會向上、下游企業去收集情報。

4.在「產品同質性」(F5)愈高時，愈多廠商利用「同業公開報表」、「同業公會報刊」、「公司名錄」、「政府統計數字」和「服務

□表8:9　產業競爭因素對競爭情報來源之變異數分析□

競爭強度 情報來源	V9	F1	F2	F3	F4	F5	F6
X1	F=2.416 P=0.1209	F=1.736 P=0.1883	F=5.436 P=0.0202 *	F=0.241 P=0.6239	F=1.973 F=0.1608	F=2.360 P=0.1252	F=0.392 P=0.5303
X2	F=0.026 P=0.8711	F=4.499 P=0.0345 *	F=0.000 P=0.9833	F=0.152 P=0.6964	F=0.726 P=0.3945	F=5.086 P=0.0246 *	F=0.015 P=0.9020
X3	F=3.046 P=0.0816	F=0.331 P=0.5651	F=4.601 P=0.0325 *	F=0.785 P=0.3761	F=0.244 P=0.6217	F=0.407 P=0.5238	F=0.210 P=0.6472
X4	F=3.432 P=0.646	F=0.070 P=0.7914	F=12.493 P=0.0005 ***	F=0.037 P=0.8481	F=0.029 P=0.8643	F=1.878 P=0.1713	F=0.063 P=0.8071
X5	F=0.998 P=0.3184	F=2.070 P=0.1510	F=7.079 P=0.0081 **	F=0.331 P=0.5655	F=0.406 P=0.5245	F=5.169 P=0.0235 *	F=0.544 P=0.4613
X6	F=7.696 P=0.0058 **	F=0.707 P=0.4009	F=9.865 P=0.0018 **	F=0.243 P=0.6221	F=0.373 P=0.5418	F=10.550 P=0.0013 **	F=0.030 P=0.8618
X7	F=4.958 P=0.0265 *	F=0.596 P=0.4406	F=14.907 P=0.0001 ***	F=0.105 P=0.7456	F=0.299 P=0.5845	F=5.274 P=0.0221 *	F=0.345 P=0.5572
X8	F=2.378 P=0.1238	F=0.064 P=0.8001	F=4.722 P=0.0303 *	F=1.044 P=0.3074	F=0.383 P=0.5362	F=0.457 P=0.4995	F=2.567 P=0.1098
X9	F=1.227 P=0.2686	F=2.559 P=0.1104	F=0.121 P=0.7277	F=7.505 P=0.0064 **	F=0.019 P=0.8893	F=0.001 P=0.9695	F=2.875 P=0.0907
X10	F=4.944 P=0.0267 *	F=8.087 P=0.0047 **	F=2.959 P=0.0861	F=4.294 P=0.0388 *	F=0.323 P=0.5702	F=2.670 P=0.1030	F=7.671 P=0.0058 **
X11	F=1.346 P=0.2466	F=0.253 P=0.6153	F=3.742 P=0.0537	F=1.875 P=0.1716	F=0.090 P=0.7640	F=2.932 P=0.0876	F=0.156 P=0.6929
X12	F=0.384 P=0.5554	F=1.192 P=0.2745	F=5.843 P=0.0160 *	F=0.086 P=0.7694	F=1.774 P=0.1836	F=0.011 P=0.9153	F=0.187 P=0.6656
X13	F=10.294 P=0.0014 **	F=1.030 P=0.3107	F=14.148 P=0.0002 ***	F=0.361 P=0.5483	F=0.092 P=0.7623	F=5.087 P=0.0246 *	F=0.022 P=0.8809
X14	F=6.584 P=0.0106 *	F=5.895 P=0.0156 *	F=10.017 P=0.0017 **	F=2.060 P=0.1519	F=0.337 P=0.5618	F=2.242 P=0.1351	F=1.621 P=0.2036
X15	F=2.506 P=0.1141	F=1.539 P=0.2154	F=3.928 P=0.0481 *	F=0.024 P=0.8777	F=0.539 P=0.4630	F=2.523 P=0.1129	F=0.463 P=0.4966

註：1. $*$ £=0.5　$**$ α=0.01　$***$ α=0.001

機構。」

　　5.在「產業上下游動盪性」(F6)愈高時，愈多廠商利用「中間商」收集情報。

　　6.「產業壟斷性」因素(F4)對情報來源無顯著影響。

　　上述結果使我們能夠肯定，在各種產業競爭因素顯示產業競爭程度較強時，企業將會去尋求更多特定的競爭情報來源。但在情報來源中，「信用調查報告」及「商業或科技出版品」卻可能因企業已利用其他情報來源，而顯著地較少企業去利用之。

第六節
結論與建議

　　本研究之主要發現，大致可歸納為以下四項：

　　一、台灣企業感受競爭較強烈的變數，乃是政府保護程度低、市場需求微弱、和同業競爭意願高。

　　二、產業競爭強度可細分成六個因素，即：產業自由化、產業吸引力、產業進出障礙、產業壟斷性、產品同質性與上下游動盪性等。

　　三、產業競爭強度顯著影響企業所利用的競爭情報來源。當競爭程度較強時，同業公開報表等五項來源較常被利用。

　　四、純就各競爭因素而言，影響情報來源最大的是產業吸引力。吸引力愈大，企業就會多方尋求情報來源。其餘如產業自由化、進出障礙、產品同質性及上下游動盪性均對某些情報來源有顯著影響。

　　由上述發現中，本研究認為，台灣產業競爭強度在政府繼續
實施自由化以後，產業競爭強度之衡量將更趨於重要，無論政府
政策或企業策略之擬定，均宜參考本研究所提產業競爭因素，而
非任意選擇少數變數作為決策基礎。

　　其次，本研究也指出，產業競爭程度愈強時，企業將尋求更
多的競爭情報來源。但是，仍有部分情報來源似乎未受到競爭劇
烈產業內的企業之注意，此點以乎有待加強。

　　最後，研究者認為，未來有關產業競爭或企業策略之研究，
似可利用本研究所提之產業競爭因素，作為主要衡量基礎。至於
其他影響競爭情報來源之變數，亦宜進一步探討之，俾讓台灣企
業經營者在競爭加劇的時代中，尋找更多競爭情報來源，作為對
政府自由化與國際化政策之因應措施之一。

註　　釋

1　此種競爭程度之分類，係哥倫比亞大學企管研究院A.Oxenfeldt教授的分類，特此致謝。

2　此處之皮爾森相關表，限於篇幅從略，請參閱余朝權，「產業競爭強度及其對競爭情報來源之影響」，中華民國管理科學學會「因應自由化國際化之競爭策略學術論文研討會」，民78年6月30日，頁12-8。

競爭瞭解度之分析

並非所有的競爭情報來源，均能使企業對產業的競爭情況有進一步的瞭解。較重要的情報來源，包括市場調查、信用調查、同學報表、產業研究和私下接觸同業主管等五項。

第 一 節
導　論

台灣企業在近年來受到政府自由化與國際化政策的衝擊，已愈來愈重視其對競爭加劇後的因應，許多企業紛紛回頭檢視其競爭策略以及其制定過程。而瞭解競爭情況，是企業擬定適切之競爭策略的主要基礎。企業如果不瞭解自身所處產業內的競爭情況，勢將無法據以擬定出正確的競爭策略，此在一般策略理論上均已獲得認同(Porter 1980)。

為了瞭解競爭情況，企業必須重視其競爭情報的來源。雖然一般人大致都相信，競爭情報的來源愈多，企業將對產業內的競爭情況也愈瞭解。不過，此一說法一直未獲得實際的驗證。此外，不同的競爭情報來源，是否對企業的競爭瞭解程度均有所影響，亦為大家所關切的主題。易言之，並非所有的競爭情報來源，均能使企業對產業之競爭情況有進一步的瞭解。

本文即根據此一推理過程，假設各競爭情報來源對企業瞭解競爭情況均有影響，並逐一加以驗證。

第 二 節
理 論 探 討

本研究基本上係探討「競爭情報來源」(Competitive information sources)與「競爭瞭解度」(Level of understanding competition)兩個構念

(constructs)之間的關係。首先對這兩個構念作檢討,其次再研討兩者之關係。

一、競爭瞭解度

廣義地說,競爭瞭解度意指企業對所處產業內的競爭情況及競爭對手的現況與動向之瞭解。換言之,所有可描述產業競爭狀況及其影響因素,均為企業應設法瞭解的範圍。

然而,有關產業競爭狀況之探討與衡量,在經濟學界已進行多年,在產業結構或產業組織的文獻上均可查得。(Massel 1962; Scherer 1980; Ash 1983)作者亦曾以產業內廠商家數等十四個變項進行因素分析,而得出「產業自由化」等六個因素,可據以解釋產業競爭強度。(余朝權 1989b)

因此,本研究將採狹義觀點,將競爭瞭解度侷限在對競爭對手的現況與動向之瞭解。

嚴格地說,競爭對手的經營現況與動態,可分成行銷、生產、財務、人事、和研究開發等企業機能面分別探討之。然而,在制定競爭策略的目的之下,對手的行銷作業將更為重要,因此,本研究將從一般狀況、產品狀況與配銷推廣狀況等三個角度來探討競爭瞭解度。

二、競爭情報來源

學者們對競爭情報來源之探討,一向不多。雖然大家公認取得競爭情報的重要性,但從何處獲得競爭情報,卻少有研究。

Glueck (1976)認為,環境資訊的來源,可分成語言(verbal)與

文字(written)兩種。語言類包括電視和收音機等大眾傳播媒體、員工以及外部來源,如:顧客、中間商、供應商、對手、金融機構、顧問、政府、及大學教授。至於文字類則包括政府及公會之出版品及其他如科技報告等。這些環境資訊來源中,大部分均可用於收集競爭情報。學者 Jerry Wall 與B.P. Shin 亦曾列出主管人員所採用的十二種競爭情報來源。(Glueck 1980)其中包括聘雇對手的主要幹部、市場調查以及自行進行或委託外界機構所做的秘密活動等。

Porter(1980)與Kelly (1987)亦曾列舉出類似的競爭情報來源。綜合以上學者之說法,本研究以初步訪問過濾後,列出十五個競爭情報來源作為分析基礎,已於第七章述明。

三、競爭瞭解度與競爭情報來源

一般的看法是,企業欲對競爭對手有深入的瞭解,就必須多方蒐集競爭情報,也就是採用較多的競爭情報來源。然而,各種競爭情報來源,在增進企業的競爭瞭解度上,其作用可能迥異,因此值得進一步分析。

其次,當企業對競爭的瞭解度不足時,它可能會多採用各種競爭情報來源。而在競爭瞭解度提高後,企業可能會捨棄部分競爭情報來源,以求節省成本,也有可能會增加競爭情報來源,以便對競爭者有更進一步的瞭解。

因此,本研究認為,競爭情報來源將影響企業的競爭瞭解度,而競爭瞭解度又會影響到競爭情報來源,兩者形成一種互動關係。

第三節
研究設計

由於樣本中有3份問卷填答不全,為求分析上的一致,實際利用的樣本數為439份,有些統計則以436或437、438份為之。

在問卷中,競爭瞭解度係以7點尺度測量之,其中1代表完全不瞭解、7代表絕對瞭解。競爭情報來源則以有、無二分法測量之。

測量競爭瞭解度之變項,經過初步預試後,共保留三十二項。其中,一般競爭瞭解度可分成競爭對手(同業)家數等十二項,並以X16至X27編號,如表9:1所示。競爭產品狀況瞭解度分成產品項目及產品線等十項,並以X31至X40編號,如表9:2所示。競爭對手之配銷推廣狀況瞭解度亦分成配銷或經銷方式等十項,並以X44-X53編號,如表9:3所示。以下三表中同時顯示各變項之平均數和標準差。

分析方法則利用SAS電腦程式,作平均數、標準差、相關分析、變異數分析、因素分析等分析。

第四節
各競爭情報來源與競爭瞭解度之分析

首先檢討企業對各種競爭狀況的瞭解度。從表9:1中可看出,企業對於一般競爭狀況中的競爭對手家數與主要對手最為瞭解,而對於競爭對手的用人方式、目標與經營計畫則較不瞭解。但整

第9章　競爭瞭解度之分析

□表9:1　一般競爭瞭解度之內容□

變數編號	內　　　　　　　　　　　　　　　　　　容	平均數	標準差
X16	本公司目前的競爭對手（同業）家數。	6.18	0.93
X17	競爭對手的產能與擴充計畫。	5.34	1.15
X18	本公司目前的主要競爭對手。	6.18	0.86
X19	主要競爭對手的經營背景與經營能力。	5.73	1.00
X20	主要競爭對手的目標與經營計畫。	4.97	1.24
X21	主要競爭對手的經營（行銷）單位所採取的組織結構。	5.21	1.29
X22	主要競爭對手的用人方式。	4.92	1.35
X23	主要競爭對手的生產設備與生產方式。	5.38	1.17
X24	主要競爭對手背後的財力與勢力。	5.37	1.19
X25	主要競爭對手對市場的重視程度。	5.46	1.07
X26	主要競爭對手的優勢與弱點。	5.65	1.02
X27	那些公司（或個人）未來可能成為競爭者。	5.17	1.31

□表9:2　主要競爭產品瞭解度之內容□

變數編號	內　　　　　　　　　　　　　　　　　　容	平均數	標準差
X31	產品項目及產品線。	5.88	0.91
X32	產品特徵。	5.94	0.88
X33	經營額與市場占有率。	5.53	1.03
X34	提供的售後服務。	5.36	1.10
X35	推出新產品的速度與方式（模仿、創新）。	5.17	1.18
X36	顧客忠誠度。	5.23	1.10
X37	價格。	5.85	0.97
X38	成本。	5.09	1.15
X39	過去三年來價格變動情形。	5.58	1.12
X40	未來價格變動趨勢。	5.01	1.18

□表9:3　主要競爭對手配銷推廣瞭解度之內容□

變數編號	內　　　　　　　　　　　　　　　　　　　容	平均數	標準差
X44	配銷或經銷方式。	5.48	1.15
X45	配銷或經銷實力。	5.31	1.14
X46	給予代理商或經銷商的交易條件（充分授信或緊縮信用）。	4.92	1.31
X47	和經銷商（代理）商的關係及其趨勢。	4.94	1.28
X48	廣告代理商及其廣告效果。	4.66	1.38
X49	最常用的廣告媒體。	5.06	1.36
X50	廣告預算。	4.00	1.48
X51	公共關係，和政府關係。	4.48	1.30
X52	業務員、人數、素質、士氣、薪資制度、訓練情形。	4.70	1.29
X53	最常用的促銷方式及其促銷效果。	5.08	1.26

體而言，企業對一般競爭狀況均頗為瞭解。

　　企業對競爭產品狀況的瞭解度，如表9：2所示，以對競爭產品的產品項目及產品線、產品特徵等之瞭解度為最高，而對競爭產品的成本與未來價格變動趨勢之瞭解較低。整體而言，企業對競爭產品狀況亦頗有瞭解。

　　企業對競爭對手之配銷推廣狀況的瞭解，如表9：3所示，以對其配銷（經銷）方式與實力最瞭解，而對其廣告預算及公共（政府）關係較無瞭解。

　　合而言之，台灣企業相當瞭解競爭對手，尤其是對手家數與主要對手，但對於對手的廣告預算較少瞭解。

　　其次檢視十五項競爭情報來源與企業對一般競爭瞭解度之相關情形。從電腦之相關表中可以看出，絕大多數競爭情報來源與

企業對一般競爭情況的瞭解，達到 $\alpha = 0.05$ 顯著正相關，其中有許多更達到 $\alpha = 0.01$ 或 $\alpha = 0.001$ 的顯著正相關。因此，吾人大致上可以說，各項競爭情報來源有助於企業瞭解競爭狀況。

接著檢視十五項競爭情報來源與企業對競爭產品瞭解度之相關情形。從電腦之相關表中可以看出，絕大多數競爭情報來源與企業對產品競爭的瞭解，達到 $\alpha = 0.05$ 的顯著正相關，其中有許多更達到 $\alpha = 0.01$ 的顯著正相關。因此，吾人大致上可以說，各項競爭情報來源有助於企業瞭解產品競爭狀況。

最後檢視十五項企業情報來源與企業對競爭對手配銷推廣瞭解度之相關。從相關表中可以看出，絕大多數競爭情報來源與企業對競爭推廣情況的瞭解，達到 $\alpha = 0.05$ 的顯著正相關，其中有許多更達到 $\alpha = 0.01$ 或 $\alpha = 0.001$ 的顯著正相關。因此，吾人大致上可以說，各項競爭情報來源有助於企業瞭解競爭狀況。

綜合而言，企業使用各項競爭情報來源時，對於產業總體競爭情況較能瞭解。

為了進一步瞭解各項競爭情報來源的相對重要性，底下將逐一檢討其對企業瞭解各類競爭狀況的影響情形。

一、產業研究報告

企業收集競爭情報的來源多達十五種，吾人首先檢討其中之一的「產業研究報告」是否對企業瞭解競爭情況有影響。

如表9：4所示，利用變異數分析，吾人可以看出，企業利用「產業研究報告」與否，對其瞭解競爭情況，大多有顯著性的差異。在三十二項競爭情況的瞭解中，有十四項達到 $\alpha = 0.001$ 顯著差

□表9:4　產業研究報告與瞭解競爭情況之變異數分析□

變數	F值	P值	顯着性	變數	F值	P值	顯着性
X16	4.48	0.0349	*	X44	6.57	0.0107	*
X17	13.51	0.0003	* * *	X45	9.32	0.0024	* *
X18	3.23	0.0729		X46	5.32	0.0216	*
X19	11.07	0.0010	* * *	X47	1.92	0.1666	
X20	14.26	0.0002	* * *	X48	12.75	0.0004	* * *
X21	11.99	0.0006	* * *	X49	8.68	0.0034	* *
X22	11.51	0.0008	* * *	X50	11.15	0.0009	* * *
X23	5.96	0.0150	*	X51	8.96	0.0029	* *
X24	17.46	0.0001	* * *	X52	3.00	0.0841	
X25	11.58	0.0007	* * *	X53	10.04	0.0016	* *
X26	8.77	0.0032	* *				
X27	13.32	0.0003	* * *				
……							
X31	4.15	0.0423	*				
X32	11.06	0.0010	* * *				
X33	16.90	0.0001	* * *				
X34	9.04	0.0028	* *				
X35	8.74	0.0033	* *				
X36	3.05	0.0813					
X37	6.40	0.0118	*				
X38	2.78	0.0962					
X39	15.72	0.0001	* * *				
X40	20.43	0.0001	* * *				

註：①爲節省篇幅，32個變異數分析之組內變異、組間變異等數據均略，以下14
　　個表亦同。
　　②＊表達到$\alpha=0.05$顯著水準，＊＊表達到$\alpha=0.01$顯著水準，＊＊＊表達到
　　$\alpha=0.001$顯著水準，以下14個表亦同。

異，七項達到 $\alpha = 0.01$ 顯著差異，六項達到 $\alpha = 0.05$ 顯著差異。[1]僅有五項競爭情況的瞭解，不因企業利用「產業研究報告」的有無而顯示顯著差異。此五項為：

1.主要競爭對手

2.顧客忠誠度

3.成本

4.經銷商關係，及其趨勢

5.業務員人數、素質、士氣、薪資與訓練

因此，吾人認為，一般「產業研究報告」未能提供上述五項競爭情報，亦即利用「產業研究報告」之企業，並未比不利用「產業研究報告」的企業，對上述五項競爭情報有顯著的瞭解。

進一步檢討研究結果，吾人認為：(1)由於大多數企業均頗清楚其主要競爭對手為誰，故毋須藉助產業研究報告。

(2)一般產業研究報告中，較少述及顧客對產品的忠誠度，經銷商之關係與趨勢，各企業之業務人員狀況，故企業無法從產業報告中瞭解對手在這方面的情形。

(3)一般產業研究報告未探討各企業之成本情形。

總而言之，產業研究報告對企業的競爭瞭解度頗有幫助。

二、同業公會報刊

同業公會報刊主要在報導與業界有關的外界訊息。如表9：5所示，其對企業瞭解競爭情形的影響，利用 F 檢定的結果，僅有五項達到顯著性差異，如下所示：

1.主要對手目標與經營計畫。

□表9:5　同業公會報刊與瞭解競爭情況之變異數分析□

變數	F值	P值	顯着性	變數	F值	P值	顯着性
X16	1.03	0.3096		X44	0.04	0.8322	
X17	0.50	0.4781		X45	0.91	0.3401	
X18	1.22	0.2705		X46	0.03	0.8637	
X19	3.04	0.0819		X47	0.00	0.9595	
X20	4.59	0.0327	*	X48	2.18	0.1405	
X21	2.69	0.1018		X49	0.47	0.4915	
X22	2.20	0.1391		X50	2.13	0.1451	
X23	0.14	0.7071		X51	0.54	0.4632	
X24	3.86	0.0502		X52	0.09	0.7633	
X25	1.50	0.2218		X53	0.66	0.4183	
X26	0.32	0.5733					
X27	1.65	0.1994					
…							
X31	0.09	0.7650					
X32	3.53	0.0608					
X33	3.79	0.0523					
X34	2.28	0.1319					
X35	6.39	0.0118	*				
X36	2.03	0.1547					
X37	5.55	0.0190	*				
X38	0.33	0.5637					
X39	11.51	0.0008	* * *				
X40	9.54	0.0021	* *				

2.主要對手推出新產品的速度與方式。

3.主要競爭產品的價格。

4.主要競爭產品三年來的價格變動情形。

5.主要競爭產品未來價格變動趨勢。

因此，吾人大致可以說，「同業公會報刊」主要能提供主要競爭對手的目標、經營計畫、新產品計畫和價格等。企業欲瞭解上述競爭狀況，可參考同業公會報刊，除此之外，欲瞭解其他競爭狀況，將無法從同業公會報刊中獲得足夠的資訊。

三、報章雜誌報導

報章雜誌經常報導有關產業的訊息，其對企業瞭解競爭狀況究竟有多大影響，亦為大眾所關切。

表9：6顯示，報章雜誌的報導，經過F檢定後，僅對主要競爭對手最常用的廣告媒體，有顯著性影響。其餘三十一項競爭情況，均不因企業是否利用「報章雜誌報導」而有顯著差異的瞭解。

因此，吾人可以說，企業欲瞭解競爭情況，除了對手的廣告媒體外，似乎不宜根據「報章雜誌報導」。此一結論有兩點涵義：

1.報章雜誌的報導所能提供的競爭情況相當有限，或許只是泛泛之論，反而不如企業經其他競爭情報來源所瞭解的來得深入。

2.報章雜誌似乎宜加強其對競爭情況的報導，才能獲得企業青睞，選擇其作為主要競爭情報來源之一。

□表9:6 報章雜誌報導與瞭解競爭情況之變異數分析□

變數	F值	P值	顯着性	變數	F值	P值	顯着性
X16	0.02	0.9008		X44	2.21	0.1376	
X17	1.91	0.1677		X45	0.29	0.5881	
X18	0.77	0.3799		X46	0.56	0.4529	
X19	0.00	0.9782		X47	0.64	0.4232	
X20	0.12	0.7302		X48	1.87	0.1719	
X21	0.45	0.5035		X49	8.99	0.0029	* *
X22	0.23	0.6299		X50	1.94	0.1640	
X23	0.74	0.3898		X51	2.33	0.1278	
X24	0.10	0.7571		X52	1.29	0.2561	
X25	0.00	0.9671		X53	0.11	0.7374	
X26	1.98	0.1598					
X27	0.93	0.3367					
…							
X31	0.07	0.7974					
X32	0.06	0.8040					
X33	0.02	0.8773					
X34	0.30	0.5850					
X35	0.19	0.6630					
X36	0.24	0.6213					
X37	0.75	0.3883					
X38	0.84	0.3611					
X39	3.65	0.0566					
X40	0.78	0.3785					

四、商業或科技出版品

　　商業或科技出版品經常報導各種產業的最新發展，對瞭解競爭情況，亦可能大有助益。

　　表 9:7 顯示，透過 F 檢定，商業或科技出版品，可使企業在瞭解大多數產業競爭情況下，有顯著性差異。在三十二項競爭情報上，有五項達到 $\alpha = 0.001$ 顯著性差異，九項達到 $\alpha = 0.01$ 顯著性差異，六項達到 $\alpha = 0.05$ 顯著性差異。其餘十二項則未達顯著性差異，如下所示：

　　1.同業家數。

　　2.主要競爭對手。

　　3.主要競爭對手的生產設備與生產方式。

　　4.潛在競爭對手。

　　5.主要競爭產品之特徵。

　　6.顧客忠誠度。

　　7.主要競爭產品之價格。

　　8.主要競爭產品之成本。

　　9.主要競爭產品未來價格變動趨勢。

　　10.主要競爭產品與經銷商之交易條件。

　　11.主要競爭產品與經銷商之關係及其趨勢。

　　12.主要競爭對手之業務員人數、素質、士氣、薪資與訓練。

　　因此，為了獲知上述十二項競爭情報，企業有必要藉助於其他情報來源。

□表9:7　商業或科技出版品與瞭解競爭情況之變異數分析□

變數	F值	P值	顯着性	變數	F值	P值	顯着性
X16	1.78	0.1832		X44	8.80	0.0032	＊＊
X17	4.16	0.0323	＊	X45	11.70	0.0007	＊＊＊
X18	1.07	0.3019		X46	3.35	0.0678	
X19	8.80	0.0032	＊＊	X47	1.90	0.1684	
X20	6.86	0.0091	＊＊	X48	9.39	0.0023	＊＊
X21	7.04	0.0082	＊＊	X49	19.01	0.0001	＊＊＊
X22	13.01	0.0003	＊＊＊	X50	8.21	0.0044	＊＊
X23	3.64	0.0571		X51	84.01	0.0457	＊
X24	5.46	0.0199	＊				
X25	12.25	0.0005	＊＊＊	X52	1.23	0.2678	
X26	12.81	0.0004	＊＊＊	X53	5.99	0.0148	＊
X27	3.79	0.0522					
…							
X31	4.18	0.0414	＊				
X32	2.49	0.1152					
X33	8.57	0.0036	＊＊				
X34	8.24	0.0043	＊＊				
X35	9.44	0.0023	＊＊				
X36	3.26	0.0716					
X37	1.92	0.1668					
X38	1.07	0.3024					
X39	5.21	0.0230	＊				
X40	2.97	0.0857					

五、公司名錄

　　一般公司名錄僅提供公司所在地、負責人姓名、電話、產品等訊息，是否成爲重要的競爭情報來源，亦值得探討。

　　表9：8顯示公司名錄與競爭瞭解度的變異數分析。表中顯示，

□表9:8 公司名錄與瞭解競爭情況之變異數分析□

變數	F值	P值	顯着性	變數	F值	P值	顯着性
X16	0.48	04871		X44	0.81	0.3692	
X17	0.02	0.8850		X45	2.17	0.1417	
X18	2.12	0.1458		X46	2.35	0.1236	
X19	1.18	0.2782		X47	0.31	0.5777	
X20	0.26	0.6116		X48	1.66	0.1977	
X21	1.23	0.2689		X49	3.27	0.0710	
X22	3.39	0.0661		X50	0.65	0.4212	
X23	0.00	0.9784		X51	0.67	0.4139	
X24	0.31	0.5752		X52	0.09	0.7629	
X25	1.25	0.2641		X53	0.74	0.3907	
X26	0.61	0.4349					
X27	1.93	0.1659					
…							
X31	0.48	0.4902					
X32	0.35	0.5544					
X33	7.86	0.0053	* *				
X34	2.13	0.1447					
X35	3.74	0.0537					
X36	1.63	0.2018					
X37	1.55	0.2133					
X38	3.38	0.0667					
X39	4.28	0.0391	*				
X40	1.26	0.2630					

僅有「營業額與市場占有率」及「過去三年來價格變動情形」二項，分別達到 $\alpha = 0.01$ 及 $\alpha = 0.05$ 顯著性差異。因此，吾人可以說，企業在參考公司名錄時，可獲知同業的營業額、市場占有率、價格變動情形，其餘競爭情報，則無法經公司名錄中獲得。

六、同業公開報表與文件

同業公開報表中，所揭露的訊息最多，舉凡營運狀況、組織、產品、未來展望等，常可在同業公開報表中窺知。

表9：9係同業公開報表與瞭解競爭狀況之變異數分析結果。表中顯示，僅有三項競爭狀況未達顯著性差異，分別是：

1.同業家數。此係因特定廠商之公開報表通常不願列示對手家數。

2.競爭對手之產能與擴充計畫。此係因一般同業較少公佈產能數字所致。

3.顧客忠誠度。此係因同業公開報表通常不願列示顧客對競爭產品的忠誠度。

因此，除了這三項以外，欲瞭解其他二十九項競爭狀況，企業應注重同業公開報表與文件。

七、政府統計數字

政府統計數字多半在顯示某一產業之狀況，有時亦深具參考價值。表9：10係政府統計數字與瞭解競爭狀況之變異數分析結果。

此表顯示，有二十一項競爭情報，可從政府統計資料中窺知，

□表9:9　同業公開報表與文件與瞭解競爭情況之變異數分析□

變數	F值	P值	顯著性	變數	F值	P值	顯著性
X16	3.54	0.0606		X44	14.73	0.0001	＊ ＊ ＊
X17	1.67	0.1966		X45	16.02	0.0001	＊ ＊ ＊
X18	4.02	0.0456	＊	X46	11.95	0.0006	＊ ＊ ＊
X19	9.28	0.0025	＊ ＊	X47	12.80	0.0004	＊ ＊ ＊
X20	11.31	0.0008	＊ ＊ ＊	X48	12.07	0.0001	＊ ＊ ＊
X21	15.36	0.0001	＊ ＊ ＊	X49	29.64	0.0001	＊ ＊ ＊
X22	23.55	0.0001	＊ ＊ ＊	X50	16.78	0.0001	＊ ＊ ＊
X23	5.39	0.0208	＊	X51	8.27	0.0042	＊ ＊
X24	10.75	0.0011	＊ ＊	X 52	7.59	0.0061	＊ ＊
X25	8.32	0.0041	＊ ＊	X53	5.61	0.0183	＊
X26	7.28	0.0072	＊ ＊				
X27	13.77	0.0002	＊ ＊ ＊				
…							
X31	5.14	0.0239	＊				
X32	8.90	0.0030	＊ ＊				
X33	17.25	0.0001	＊ ＊ ＊				
X34	11.77	0.0007	＊ ＊ ＊				
X35	9.67	0.0020	＊ ＊				
X36	3.29	0.0703					
X37	11.40	0.0008	＊ ＊ ＊				
X38	7.74	0.0056	＊ ＊				
X39	23.39	0.0001	＊ ＊ ＊				
X40	9.77	0.0019	＊ ＊				

□表9:10 政府統計數字與瞭解競爭情況之變異數分析□

變數	F值	P值	顯著性	變數	F值	P值	顯著性
X16	2.74	0.0984		X44	6.10	0.0139	*
X17	0.08	0.7743		X45	12.98	0.0040	* * *
X18	2.09	0.1487		X46	10.77	0.0011	* *
X19	3.29	0.0705		X47	6.28	0.0126	*
X20	0.61	0.4336		X48	10.30	0.0014	* *
X21	4.65	0.0317	*	X49	8.07	0.0047	* *
X22	4.59	0.0328	*	X50	11.90	0.0006	* * *
X23	0.27	0.6010		X51	4.61	0.0323	*
X24	5.41	0.0205	*	X52	7.67	0.0059	* *
X25	5.14	0.0239	*	X53	5.41	0.0204	*
X26	6.43	0.0116	*				
X27	4.07	0.0442	*				
…							
X31	3.30	0.0699					
X32	5.69	0.0147	*				
X33	10.90	0.0010	* * *				
X34	10.38	0.0014	* *				
X35	1.66	0.1976					
X36	0.45	0.5041					
X37	0.07	0.0442	*				
X38	1.00	0.3168					
X39	12.31	0.0005	* * *				
X40	1.69	0.1939					

此外，有十一項競爭情況之瞭解，將不因企業是否利用「政府統計數字」，而有顯著差異，這十一項分別是：

1.同業家數。

2.競爭對手的產能與擴充計畫。

3.主要競爭對手。

4.主要競爭對手經營背景與能力。

5.主要競爭對手目標與經營計畫。

6.主要競爭對手生產設備與生產方式。

7.主要競爭產品項目與產品線。

8.主要競爭產品推出新產品的速度與方式。

9.主要競爭產品之顧客忠誠度。

10.主要競爭產品之成本。

11.主要競爭產品未來價格變動趨勢。

因此，企業如欲對這十一項情報有更深入的瞭解，應藉助於其他競爭情報來源。

八、同業主管

和同業主管交誼、打球等私下接觸，也是瞭解競爭狀況的主要情報來源之一。

表9：11是與同業主管私下接觸對瞭解競爭狀況之變異數分析結果。表中顯示，在三十二項競爭狀況中，有二十五項的瞭解，因企業是否與同業主管私下接觸而有顯著性差異，僅有七項未達顯著性差異。這七項分別是：

1.主要競爭對手之用人方式。

□表9:11　和競爭同業主管私下接觸與瞭解競爭情況之變異數分析□

變數	F值	P值	顯着性	變數	F值	P值	顯着性
X16	6.13	0.0137	*	X44	5.06	0.0249	*
X17	12.43	0.0005	* * *	X45	9.97	0.0017	* *
X18	6.48	0.0112	*	X46	5.72	0.0172	*
X19	7.82	0.0054	* *	X47	4.61	0.0324	*
X20	12.88	0.0004	* * *	X48	77.39	0.0068	* *
X21	6.96	0.0086	* *	X49	7.33	0.0070	* *
X22	2.93	0.0879		X50	3.49	0.0624	
X23	1.56	0.2130		X51	2.48	0.1157	
X24	5.29	0.0220	*	X52	5.98	0.0149	*
X25	10.78	0.0011	* *	X53	9.85	0.0018	* *
X26	8.48	0.0038	* *				
X27	5.63	0.0181	*				
…							
X31	3.06	0.0812					
X32	5.81	0.0164	*				
X33	6.51	0.0110	*				
X34	6.11	0.0138	*				
X35	4.33	0.0381	*				
X36	1.54	0.2147					
X37	13.30	0.0003	* * *				
X38	2.38	0.1235					
X39	21.05	0.0001	* * *				
X40	6.10	0.0139	*				

2.主要競爭對手之生產設備與生產方式。

3.主要競爭對手之產品項目與生產線。

4.主要競爭產品之顧客忠誠度。

5.主要競爭產品之成本。

6.主要競爭產品之廣告預算。

7.主要競爭對手之公共關係與政府關係。

對於此一結果，吾人可以解釋如下：由於用人方式、生產設備與生產方式、成本、廣告預算、公共關係與政府關係等，係公司機密，故即使在私下場合，亦不易經同業主管處獲知。至於產品項目及產品線，則可經其他來源獲知，故不一定要與同業主管接觸才能知悉。而顧客忠誠度亦非同業主管所能提示者，故在接觸過程亦無法知悉。

九、原料供應商

企業有時亦可經相同原料供應商處，獲悉有關同業競爭對手之情報。

表9：12係「原料供應商」來源與瞭解競爭情況之變異數分析結果。表中顯示，在三十二項競爭情報中，有七項的瞭解程度，將因企業是否運用相同原料供應商而有顯著性差異。這七項為：

1.同業家數。

2.競爭對手的產能與擴充計畫。

3.主要競爭對手的生產設備與生產方式。

4.主要競爭對手的優勢與弱點。

5.主要競爭對手的產品項目與產品線。

□表9:12　相同原料供應商與瞭解競爭情況之變異數分析□

變數	F值	P值	顯著性	變數	F值	P值	顯著性
X16	3.92	0.0482	*	X44	4.89	0.0275	*
X17	9.96	0.0017	* *	X45	3.86	0.0500	*
X18	2.82	0.0936		X46	0.09	0.7608	
X19	3.08	0.0801		X47	0.14	0.7066	
X20	0.38	0.5358		X48	1.87	0.1725	
X21	1.83	0.1763		X49	0.27	0.6040	
X22	0.11	0.7421		X50	0.05	0.8183	
X23	5.20	0.0230	*	X51	1.24	0.2660	
X24	2.60	0.1078		X52	0.52	0.4708	
X25	0.81	0.3697		X53	0.72	0.3969	
X26	5.93	0.0153	*				
X27	0.59	0.4413					
…							
X31	5.71	0.0173	*				
X32	0.66	0.4185					
X33	0.12	0.7328					
X34	0.08	0.7834					
X35	0.06	0.8501					
X36	0.03	0.8570					
X37	0.00	0.9646					
X38	2.16	0.1428					
X39	2.40	0.1219					
X40	0.33	0.5631					

6.主要競爭對手的經銷方式。

7.主要競爭對手的經銷實力。

因此，吾人可以說，爲了獲得上述七項競爭情報，企業可經相同原料供應商處設法做進一步的瞭解。

十、經銷商

經銷商與原料供應商一樣，亦能提供有關同業之情報。表9：13係「經銷商」情報來源與瞭解競爭狀況之變異數分析結果。

表中顯示，採用經銷商爲情報來源與否，對企業之瞭解競爭情況，有十四項達到顯著性差異，而有十八項未達顯著性差異。因此，吾人可以說，經銷商係一中等重要之競爭情報來源。

十一、顧客

顧客亦可提供許多有關同業之情報。表9：14係「顧客」來源與瞭解競爭狀況之變異數分析結果。

此表顯示，能夠從顧客處獲得對競爭情況有較多瞭解的項目，僅有四項達到顯著性差異，分別爲：

1.主要競爭產品項目與產品線。

2.主要競爭產品過去三年來之價格變動情形。

3.主要競爭產品經銷方式。

4.主要競爭產品經銷實力。

從此一結果，吾人可以推論出兩種可能性，其一爲顧客對於一特定企業所面臨之競爭狀況，並無多大瞭解，故無法協助企業進一步瞭解競爭狀況。第二個可能性，在於一般企業未能妥善運

□表9:13　經銷商（中間商）與瞭解競爭情況之變異數分析□

變數	F值	P值	顯着性	變數	F值	P值	顯着性
X16	8.01	0.0049	* *	X44	29.73	0.0001	* * *
X17	0.11	0.7351		X45	15.43	0.0001	* * *
X18	7.36	0.0069	* *	X46	9.47	0.0022	* *
X19	5.78	0.0166	*	X47	6.75	0.0097	* *
X20	2.94	0.0869		X48	2.58	0.1089	
X21	12.50	0.0005	* * *	X49	13.09	0.0003	* * *
X22	1.89	0.1695		X50	1.60	0.2063	
X23	3.52	0.0614		X51	0.09	0.7629	
X24	4.17	0.0418	*	X52	0.02	0.8977	
X25	3.02	0.0830		X53	5.30	0.0218	*
X26	4.81	0.0289	*				
X27	0.74	0.3892					
…							
X31	9.29	0.0024	* *				
X32	2.69	0.1018					
X33	0.03	0.8531					
X34	3.10	0.0790					
X35	3.26	0.0719					
X36	1.65	0.1993					
X37	8.31	0.0041	* *				
X38	0.13	0.7202					
X39	3.32	0.0692					
X40	0.16	0.6912					

□表9:14 顧客與瞭解競爭情況之變異數分析□

變數	F值	P值	顯著性	變數	F值	P值	顯著性
X16	0.23	0.6330		X44	5.09	0.0245	*
X17	0.30	0.5843		X45	4.46	0.0318	*
X18	1.36	0.2436		X46	0.15	0.7018	
X19	0.38	0.5365		X47	0.20	0.6552	
X20	0.71	0.4006		X48	0.01	0.9026	
X21	1.03	0.3100		X49	0.09	0.7667	
X22	0.53	0.4674		X50	0.01	0.9271	
X23	0.01	0.9222		X51	0.21	0.6497	
X24	0.15	0.6983		X52	0.67	0.4129	
X25	3.66	0.0564		X53	1.11	0.2937	
X26	3.48	0.0627					
X27	0.21	0.6451					
…							
X31	4.10	0.0434	*				
X32	0.86	0.3551					
X33	0.59	0.4416					
X34	2.72	0.0995					
X35	0.54	0.4610					
X36	3.07	0.0803					
X37	0.24	0.6215					
X38	0.41	0.5203					
X39	4.15	0.0422	*				
X40	1.11	0.2919					

用顧客作為競爭情報來源，以致於沒有形成顯著性差異。

十二、信用調查報告

信用調查報告係透過第三者所取得的有關競爭同業之資料。表9：15 顯示此一情報來源與企業瞭解競爭情況之變異數分析結果。

由此表可以看出，在三十二項競爭情報中，僅有「和經銷商的關係及其趨勢」不因企業有無利用信用調查報告而呈顯著性差異，其餘三十一項均呈顯著差異。因此，吾人可以說，透過信用調查報告，企業對競爭情況的瞭解，將有顯著性的效果。

十三、服務性機構

其他服務性機構，如廣告商、運輸公司等，亦能提供有關競爭同業之情報。表9：16即為「服務性機構」情報來源與企業瞭解競爭狀況之變異數分析結果。

由表中可以看出，透過服務性機構，企業顯著地能夠對十七項競爭情報有較多的瞭解，其中尤其有關主要競爭者之推廣情形，最能提供較多情報。因此，吾人可以說，服務性機構亦是適度重要競爭情報來源，特別是在提供主要競爭者之推廣情形上。

十四、市場調查

公司人員利用市場調查來獲知有關同業的情報，亦是相當重要的一種情報來源。表9：17係「市場調查」情報來源與企業瞭解競爭情況之變異數分析結果。

□表9:15 信用調查報告與瞭解競爭情況之變異數分析□

變數	F值	P值	顯着性	變數	F值	P值	顯着性
X16	12.32	0.0002	* * *	X44	11.53	0.0007	* * *
X17	10.59	0.0012	* * *	X45	19.92	0.0001	* * *
X18	10.91	0.0010	* * *	X46	9.15	0.0026	* *
X19	13.75	0.0002	* * *	X47	3.84	0.0506	
X20	11.54	0.0007	* * *	X48	6.45	0.0115	*
X21	19.17	0.0001	* * *	X49	14.72	0.0001	* * *
X22	21.70	0.0001	* *	X50	10.78	0.0011	* *
X23	10.38	0.0014	* *	X51	5.70	0.0173	*
X24	29.05	0.0001	* * *	X52	6.38	0.0119	*
X25	14.36	0.0002	* * *	X53	6.91	0.0089	* *
X26	8.23	0.0043	* *				
X27	8.68	0.0034	* *				
…							
X31	4.89	0.0276	*				
X32	9.21	0.0025	* *				
X33	8.38	0.0040	* *				
X34	12.52	0.0004	* * *				
X35	8.90	0.0030	* *				
X36	10.20	0.0015	* *				
X37	8.45	0.0038	* *				
X38	4.89	0.0275	*				
X39	9.78	0.0019	* *				
X40	9.86	0.0018	* *				

□表9:16 其他服務性機構與瞭解競爭情況之變異數分析□

變數	F值	P值	顯着性	變數	F值	P值	顯着性
X16	5.18	0.0233	*	X44	13.86	0.0002	* * *
X17	1.71	0.1913		X45	16.01	0.0001	* * *
X18	2.96	0.0862		X46	13.90	0.0002	* * *
X19	2.77	0.0966		X47	6.69	0.0100	* *
X20	2.56	0.1104		X48	15.70	0.0001	* * *
X21	11.83	0.0006	* * *	X49	20.90	0.0001	* * *
X22	5.52	0.0192	*	X50	18.45	0.0001	* * *
X23	1.01	0.3157		X51	4.60	0.0324	*
X24	1.10	0.2952		X52	3.48	0.0629	
X25	6.82	0.0093	* *	X53	8.16	0.0045	* *
X26	4.21	0.0408	*				
X27	4.29	0.0390	*				
…							
X31	2.97	0.0854					
X32	3.39	0.0662					
X33	3.19	0.0747					
X34	5.40	0.0206	*				
X35	3.70	0.0551					
X36	2.27	0.1329					
X37	3.43	0.0648					
X38	0.59	0.4422					
X39	6.24	0.0129	*				
X40	0.04	0.8424					

□表9:17　公司人員調查市場現況與瞭解競爭情況之變異數分析□

變數	F值	P值	顯着性	變數	F值	P值	顯着性
X16	9.69	0.0020	* *	X44	21.28	0.0001	* * *
X17	7.59	0.0061	* *	X45	16.17	0.0001	* * *
X18	14.92	0.0001	* * *	X46	10.00	0.0017	* * *
X19	13.54	0.0003	* * *	X47	9.44	0.0023	* *
X20	13.84	0.0002	* * *	X48	26.83	0.0001	* * *
X21	21.28	0.0001	* * *	X49	28.01	0.0001	* * *
X22	17.50	0.0001	* * *	X50	12.42	0.0005	* * *
X23	12.58	0.0004	* * *	X51	10.56	0.0012	* *
X24	16.26	0.0001	* * *	X52	22.20	0.0001	* * *
X25	13.80	0.0002	* * *	X53	36.96	0.0001	* * *
X26	14.84	0.0001	* * *				
X27	14.69	0.0001	* * *				
…							
X31	6.25	0.0128	*				
X32	6.90	0.0089	* *				
X33	10.47	0.0013	* *				
X34	16.81	0.0001	* * *				
X35	7.56	0.0062	* *				
X36	4.23	0.0404	*				
X37	15.21	0.0001	* * *				
X38	4.44	0.0356	*				
X39	10.35	0.0014	* *				
X40	4.49	0.0346	*				

由表中可以看出，企業是否利用市場調查，對其瞭解三十二項競爭情況之程度，均有顯著性影響。

因此，吾人可以說，派公司人員從事市場調查，係企業瞭解各項競爭情報之最主要來源之一。

十五、專業調查機構

企業有時亦委託專業調查機構，設法去瞭解競爭情況。表9：18係「專業調查機構」來源與企業瞭解競爭情況之變異數分析結果。

由此表可以看出，在三十二項競爭情報中，企業對其中二十二項的瞭解程度，將因有無利用專業調查機構而呈顯著性差異，而對其餘十項瞭解程度，則無顯著差異。因此，吾人可以說，委託專業調查機構，亦是相當重要的競爭情報來源。

第五節
各競爭情報來源之重要性

前一節的探討，主要係看各競爭情報來源所能帶給企業對競爭情況的瞭解程度，究竟有何差異。綜合這十五種情報來源，吾人大致可以將其重要性，按有顯著差異項數多寡次序排列，如表9：19所示。

表9：19顯示，前五項最主要的競爭情報來源，依次為：

1.公司人員市場調查

2.信用調查報告

□表9:18　委託專業調查機構與瞭解競爭情況之變異數分析□

變數	F值	P值	顯着性	變數	F值	P值	顯着性
X16	5.21	0.0229	＊	X44	8.14	0.0045	＊ ＊
X17	1.05	0.3056		X45	5.28	0.0221	＊
X18	8.71	0.0033	＊ ＊	X46	13.48	0.0003	＊ ＊ ＊
X19	5.49	0.0196	＊	X47	10.56	0.0012	＊ ＊
X20	3.84	0.0507		X48	11.93	0.0006	＊ ＊ ＊
X21	9.76	0.0019	＊ ＊	X49	18.61	0.0001	＊ ＊ ＊
X22	2.49	0.1156		X50	13.86	0.0002	＊ ＊ ＊
X23	0.96	0.3280		X51	5.53	0.0191	＊
X24	7.58	0.0062	＊ ＊	X52	1.13	0.2875	
X25	7.35	0.0070	＊ ＊	X53	4.41	0.0363	＊
X26	4.99	0.0261	＊				
X27	2.63	0.1059					
…							
X31	8.66	0.0034	＊ ＊				
X32	6.37	0.0120	＊				
X33	2.60	0.1079					
X34	4.49	0.0346	＊				
X35	3.67	0.0562					
X36	0.01	0.9343					
X37	8.71	0.0033	＊ ＊				
X38	2.93	0.0875					
X39	6.11	0.0138	＊				
X40	0.05	0.8207					

□表9:19　各競爭情報來源對瞭解競爭情況之顯著影響次序表□

情報來源	顯著差異項次			無顯著差異	主要次序
	$\alpha \leq 0.001$	$\alpha \leq 0.01$	$\alpha \leq 0.05$	$\alpha > 0.05$	
產業研究報告	14	7	6	5	④
同業公會報刊	1	2	3	26	⑫
報章雜誌報導	0	1	0	31	⑮
商業科技出版品	5	9	6	12	⑧
公司名錄	0	1	1	30	⑭
同業公開報表	15	10	4	3	③
政府統計數字	4	5	12	11	⑦
同業主管接觸	4	8	13	7	⑤
原料供應商	0	1	6	25	⑪
經銷商	4	6	4	18	⑩
顧客	0	0	4	28	⑬
信用調查報告	13	13	5	1	②
其他服務機構	7	3	7	15	⑨
市場調查	20	8	4	0	①
專業調查機構	4	8	9	11	⑥

3.同業公開報表

4.產業研究報告

5.同業主管私下接觸。

　　其次五項情報來源，分別是：「專業調查機構」、「政府統計數字」、「商業科技出版品」、「其他服務機構」、和「經銷商」。至於較不重要的競爭情報來源，分別是「報章雜誌報導」、「公司名錄」、「顧客」、「同業公會報刊」、和「原料供應商」。

第六節
不同競爭情報之主要來源

　　由於各項競爭情報均可能從不同的來源獲致，故吾人對於特定競爭情報，亦希望歸納出最重要的來源項目。表9：20即是從競爭情報與其來源中，最重要的五種來源之列表。

　　由表9：20可以看出，(1)企業若能從事⑭市場調查，則對主要對手等十一項競爭情報最能瞭解。

　　(2)企業若能注意⑥同業公開報表，則對主要對手之用人方式等七項競爭情報最能瞭解。

　　(3)企業若能使用⑫信用調查報告，則對同業家數等六項競爭情報最能瞭解。

　　(4)企業若能使用①產業調查報告，則對競爭對手之產能等四項競爭情報最能瞭解。

　　(5)企業若能採⑩經銷商及⑬其他服務機構，則對競爭對手之產品項目等四項競爭情報最能瞭解。

　　根據以上分析，吾人可以說，企業若能採用上述五種競爭情報來源，則對競爭情報已能有充分之瞭解。

第七節
各競爭情報來源與競爭瞭解度之關係

　　由於本研究所採用之競爭情報變項多達三十二項，故亦有必

□表9:20　對特定競爭情報而言之主要來源□

競爭情報項目	主要來源 1.	2.	3.	4.	5.
(一)一般狀況					
1.同業家數	⑫	⑭	⑩	⑧	⑮
2.對手產能	①	⑧	⑫	⑨	⑭
3.主要對手	⑭	⑫	⑮	⑩	⑨
4.主要對手之經營	⑫	⑭	①	④	⑧
5.主要對手之目標	①	⑭	⑧	⑪	⑥
6.主要對手之行銷組織	⑭	⑫	⑥	①	⑬
7.主要對手之用人	⑥	⑫	⑭	④	①
8.主要對手之生產	⑭	⑫	①	⑥	⑨
9.主要對手之財勢	⑫	①	⑭	⑥	⑮
10.主要對手對市場之重視	⑫	⑭	④	①	⑥
11.主要對手之優缺點	⑭	④	①	⑧	⑫
12.潛在競爭對手	⑭	⑥	①	⑫	⑧
(二)主要競爭產品狀況					
1.產品項目	⑩	⑮	⑭	⑨	⑥
2.產品特徵	①	⑫	⑥	⑭	⑮
3.營業額與占有率	⑥	①	⑦	⑭	④
4.售後服務	⑭	⑫	⑥	⑦	①
5.新產品開發	⑥	④	⑫	①	⑭
6.顧客忠誠度	⑫	⑭	—	—	—
7.價格	⑭	⑧	⑥	⑮	⑫
8.成本	⑥	⑫	⑭	—	—
9.過去價格變動	⑥	⑧	①	⑦	②
10.未來價格趨勢	①	⑫	⑥	②	⑧
(三)主要對手推廣狀況					
1.經銷方式	⑩	⑭	⑥	⑬	⑫
2.經銷實力	⑫	⑭	⑥	⑬	⑦
3.交易條件	⑬	⑮	⑥	⑦	⑭
4.經銷關係	⑥	⑮	⑭	⑩	⑬
5.廣告商及廣告效果	⑭	⑥	⑬	①	⑮
6.廣告媒體	⑥	⑭	⑬	④	⑮
7.廣告預算	⑬	⑥	⑮	⑭	⑦
8.公共關係與政府關係	⑭	①	⑥	⑫	⑮
9.業務狀況	⑭	⑦	⑥	⑫	⑧
10.促銷方式及效果	⑭	①	⑧	⑬	⑫

要以綜合方式進行分析。全部競爭瞭解度以V表示,而一般競爭瞭解度、競爭產品瞭解度、競爭對手配銷推廣瞭解度分別以V1, V2及 V3表示,則各競爭情報來源與綜合競爭瞭解度之關係,列如表9:21所示。

　　此表顯示,欲瞭解一般競爭狀況,主要可利用產業研究報告、商業科技出版品、同業公開報表與文件、同業主管、信用調查報告、及市場調查等六種來源。至於同業公會報刊、報章雜誌報導、公司名錄、原料供應商、及顧客等,則無法提供顯著較多的瞭解。

　　欲瞭解競爭產品狀況,主要可利用產業研究報告、同業公開報表與文件、同業主管、信用調查報告和市場調查等五種來源。至於報章雜誌報導、原料供應商、中間商、顧客則無法提供顯著較多的瞭解。

　　欲瞭解競爭對手配銷推廣狀況,主要可利用產業研究報告、商業科技出版品、同業公開報表與文件、政府統計數字、信用調查報告、服務性機構、市場調查與專業調查機構等八種來源。至於同業公會報刊、報章雜誌報導、公司名錄、原料供應商、顧客等來源,則無法提供顯著較多的瞭解。

　　總體而言,除同業公會報刊、報章雜誌、公司名錄、原料供應商、顧客外,其餘來源均有助於瞭解整體競爭情況。因此,大多數競爭情報來源與競爭瞭解度之密切關係,已獲得驗證。

　　本研究亦曾利用因素分析,分別分析整體競爭情況及V1至V3等三種競爭情況 (余朝權　1989a),再以所得出之因素和競爭情報來源作分析。結果均相當類似,故不贅述。

□表9:21　各競爭情報來源與綜合競爭瞭解度之變異數分析結果□

競爭情報來源	綜合競爭瞭解度			
	V1	V2	V3	V
1.產業研究報告	＊＊＊	＊＊＊	＊＊＊	＊＊＊
2.同業公會報刊		＊＊		
3.報章雜誌報導				
4.商業科技出版品	＊＊＊	＊＊	＊＊＊	＊＊＊
5.公司名錄		＊		
6.同業公開報表與文件	＊＊＊	＊＊＊	＊＊＊	＊＊＊
7.政府統計數字	＊	＊＊	＊＊＊	＊＊
8.同業主管	＊＊＊	＊＊＊	＊＊	＊＊＊
9.原料供應商				
10.中間商	＊		＊＊	＊＊
11.顧客				
12.信用調查報告	＊＊＊	＊＊＊	＊＊＊	＊＊＊
13.服務性機構	＊＊	＊	＊＊＊	＊＊＊
14.市場調查	＊＊＊	＊＊＊	＊＊＊	＊＊＊
15.專業調查機構	＊＊	＊	＊＊＊	＊＊＊

　＊　：達到 $\alpha = 0.05$ 顯著水準

　＊＊　：達到 $\alpha = 0.01$ 顯著水準

＊＊＊：達到 $\alpha = 0.001$ 顯著水準

第八節
結論與建議

本研究係站在個別企業觀點，探討不同競爭情報來源與競爭瞭解度之關係。研究結果顯示，大多數來源有助於企業瞭解個別及整體競爭情況，而少數情報來源則無多大助益。

因此，企業為了瞭解競爭，應選擇特定的競爭情報來源，如此方有助於擬定競爭策略，並比對手更瞭解競爭情況。此外，過濾掉部分競爭情報來源，亦可使企業節省成本，避免耗費過多時間於無助於瞭解競爭的來源上。

吾人也應特別注意這些未能提供顯著較多競爭情報的來源，並試圖去尋求進一步的解釋，如：顧客來源未能提供較多情報，是因大多數企業均對顧客有同等的重視？或不重視？報章雜誌是否報導不深入或不忠實，以致未能增進企業的競爭瞭解度？同業公會報刊所能提供的競爭資訊太少？原料供應商對企業的資訊服務是否有所不足？諸如此類的問題，均值得吾人進一步的研究。

註　　釋

1　由於競爭情報來源係採「有」、「無」利用之二分法衡量，故從表９：４
　　起，各表所顯示變異數分析之Ｐ值，亦即是競爭情報來源與競爭瞭解度
　　之皮爾森相關係數之顯著程度。

企業競爭地位之分析與應用

舉凡企業的相關人士，無論是企業經營者、投資人、銀行家或是企圖購併的企業家，都希望對一企業或其競爭對手之競爭地位有所瞭解，才能據以分別擬定競爭策略、投資決策、融資決策或相關決策。

第一節

導論：研究企業競爭地位之重要性

在 企業經營決策上，有關個別企業競爭地位的探討，一向是個重要而又常被忽略的議題。舉凡企業的相關人士(stakeholders)，無論是企業經營者、投資人、銀行家、或是企圖購併的企業家，都希望對一企業或其競爭對手之競爭地位有所瞭解，才能據以分別擬定競爭策略、投資決策、融資決策或相關決策。事實上，每一個企業在決定其經營決策時，固然要注意其產業的競爭狀況或「產業特質」(吳思華〔1984〕、陳明璋〔1981〕)，然而此一因素並不能描繪出個別企業所受到的競爭壓力，因而反不如企業的「競爭地位」(competitive position)來得重要。換言之，即使是在競爭相當劇烈的產業內，仍有一些企業並未感受到多大的競爭壓力；相對於其他面臨強大競爭壓力的同業，其經營策略顯然有所不同。

然而，有關企業競爭地位之探討，一直並不是很多，而且各家學說亦相當分歧，使得依據競爭地位與產業特質等其他因素所做出的經營策略，也有相當大的差異。本文即是針對此一研究上的缺口，企圖對此一經營決策上的重要構念，探討其內容與構面，供往後學者們及實務界人士探討經營策略之重要依據。

其次，本文將進一步探討企業的競爭地位與競爭情報來源(competitive information sources)之關係，作為競爭地位構念之應用的例示，同時亦可提供學理與實務上之參考。

第二節

理論探討

　　企業的「競爭地位」意指該企業相對於其他競爭者之位置或地位。一個企業可能因爲其獨特的產品、成本、市場等因素，而與其他同業擁有不同的競爭地位。正因爲企業獲得獨特的競爭地位之原因甚多，其競爭地位本身亦不易確認。

　　然而，先不論競爭地位之確認有多困難，在理論上與實務上，管理者早已利用其來作爲決策基礎。Hedley(1977)等波士頓顧問團(BCG)的專家，早已利用企業的相對競爭地位，結合產業成長率，而將企業分成聞名的問號、明星、金牛和衰狗企業，並據以訂定策略。BCG 分析係假定相對競爭地位可用市場占有率來代表。但是這種分法被 Hofer ＆ Schendel(1978)評爲不夠精緻，因此 BCG 模式下的策略選擇也就相當分歧，如圖10：1所示。

　　與此同時的，係Forbes(1975)報導通用電氣公司(GE)每年爲其四十三個企業評定企業優勢與產業吸引力，而前者亦爲一般所稱謂之競爭地位。此一企業優勢或競爭地位共包括十個項目：規模、成長率、市場占有率、獲利力、位置、毛利率、技術地位、形象、污染與人員等，(Forbes〔1975〕)在結合產業吸引力因素後，GE即據以決定該企業應成長、不成長或其他，如圖10：2所示。

　　Wright(1974)亦是同一時期觀察競爭地位的專家，他將競爭地位分爲六種：主宰、強勢、有利、維持、弱勢、危急，並論斷這些企業未來的發展趨勢。

第 10 章　企業競爭地位之分析與應用

□圖10:1　BCG模式的策略選擇□

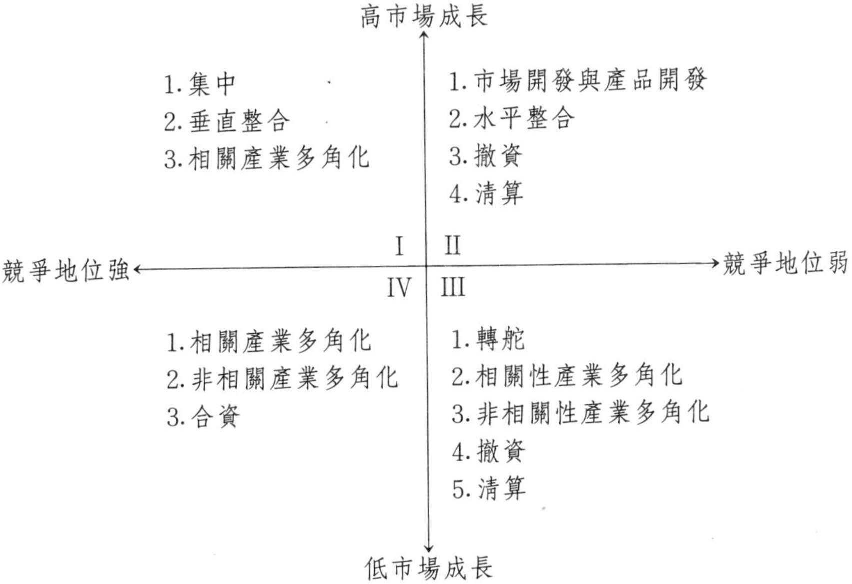

高市場成長

1.集中　　　　　　　　　1.市場開發與產品開發
2.垂直整合　　　　　　　2.水平整合
3.相關產業多角化　　　　3.撤資
　　　　　　　　　　　　4.清算

I　II

競爭地位強 ←　　　　　　　　　　　　　　　→ 競爭地位弱

IV　III

1.相關產業多角化　　　　1.轉舵
2.非相關產業多角化　　　2.相關性產業多角化
3.合資　　　　　　　　　3.非相關性產業多角化
　　　　　　　　　　　　4.撤資
　　　　　　　　　　　　5.清算

低市場成長

十　資料來源：洪明洲，1989年11月。

□圖10:2　GE模式的策略選擇□

競　爭　地　位

	強	中	弱
高	(1)防守地位	(2)投資建立	(3)選擇性建立 I
市場吸引力 中	(4)選擇性建立 II	(5)選擇／改善 盈餘	(6)有限擴充 或收成
低	(7)保護與再集中	(8)改善盈餘	(9)撤資

資料來源：洪明洲，1989年11月。

然而,比較有系統地分析與推論競爭地位者,要屬波特(Porter, 1980,1985)。他將競爭地位分成四類:成本領導、產品差異化、市場集中、和中庸地位。其中,市場集中又可分為成本焦點與差異化焦點兩者。(Porter 1985)這些競爭地位將促使企業訂定迥然不同的策略。

Harrell 與 Kernan(1983)亦在同時報導福特公司的作法,福特計算其卡車在世界各國之競爭力(競爭地位)時,採用了(1)市場占有率、(2)規模排名、(3)產品適用性、(4)單位毛利、(5)利潤率、(6)市場代表性(指經銷商與服務之數量和品質)、(7)市場支援(指廣告與促銷能力)。福特將本身與競爭對手之競爭力計算出並加以比較,即可瞭解自己所處的競爭地位。PIMS則採用市場占有率、成本、品質和資本密集度來表示競爭地位,並做出一系列有關企業獲利性之探討。(Buzzell & Gall,1987)。

Kotler(1984)在最近曾將企業的競爭地位濃縮成領導、挑戰、追隨、和利基等四類,並指出在各種競爭地位下企業所可能採取的策略。Carpenter(1986)則檢討二種品牌在消費者心目中的知覺地位將影響其競爭策略。

根據以上探討,可知企業除非擁有絕對優勢的競爭地位而可以任意採用策略,否則其競爭策略即應根據競爭地位來據以制訂。

在策略管理上最大的問題之一,在於學者或實務界人士對於競爭地位的衡量,每人都有自己的一套,以致於根據各自定義的競爭地位所做出的策略,彼此之間頗難互用。造成此種現象的原因之一,或許正由於各產業與各企業之特性不同,因而也難以利

用少數變數做爲共通的衡量基礎。另一個可能的原因，則是迄今
爲止，學者們的重點均擺在對策略本身的探索上，對於競爭地位
的探索則相當缺乏，也就是忽略了此一主題。

　　有鑑於此，本研究特將大多數有關企業競爭地位之變數聚集
起來，試圖探索其共通性。表10:1即是這十一個變數與其理論背景
的彙總表。讀者將可看出，本研究放棄以獲利性作爲競爭地位之
衡量指標，係因獲利性是競爭地位強弱與其他諸多環境因素與管
理因素互動後之結果，如果逕以之作爲衡量指標，則吾人將很難
再去探索競爭地位與其他變數之關係。例如在不同競爭地位下，
企業採行何種策略較有利，即是以獲利性等績效指標作爲評估準
則。本研究因此不以獲利性或投資報酬來衡量一企業之競爭地
位。

　　底下對於缺乏明顯背景的八個變數，做一說明。這些變數雖
然在實證上較少學者採用，但仍具備部分代表競爭地位的意義。

一、產品銷售涵蓋區域

　　首先探討產品銷售涵蓋區域。根據Porter(1985)的說法，產品銷
售給特定市場時，具有集中效果，故可獲得有利的競爭地位。反
過來說，有些學者認爲，產品若涵蓋較大區域，將變成全國性品
牌，其競爭地位將比地區性品牌來得有利。以台灣情況而言，研
究者較採信後者，即銷售涵蓋範圍較大的產品，具有較高的競爭
地位。

□表10:1　描述競爭地位的變數彙總表□

項次	變 數 名 稱	理　　論　　背　　景
1	市場占有率	Hedley(1977); Forbes(1975); Harrell(1983); Buzzell(1987)
2	技術水準	Forbes(1975)
3	經營規模	Forbes(1975); Harrell(1983)
4	產品特色	Porter(1985); Harrell(1983)
5	產品銷售區域	Porter(1985)
6	配銷通路效率	Harrell(1983)
7	產品品質	Buzzell(1987)
8	服務	Harrell(1983)
9	產銷成本	Porter(1985); Buzzell(1987)
10	成長率	Forbes(1975)
11	通路據點數	Harrell(1983)
12	行銷能力	Harrell(1983)
13	一貫作業程度	Kotler(1984)
14	政府關係	
15	財力	
16	顧客忠誠度	
17	原料掌握度	
18	競爭意願	
19	管理水準	

二、一貫作業程度

其次談一貫作業程度。Kotler(1984)認爲,垂直水準（即一貫作業程度）是利基者可以扮演的專業化角色,故一貫作業程度較高,可帶來好的競爭地位（利基）。一般說法則是無論是對利基者或其他企業而言,一貫作業可使企業較不受其他團隊（供應商或顧客）的影響,同時可能享受成本較低的效果。

三、資源掌握度

接著探討政府關係、財力、顧客忠誠度和原料掌握度等四項變數。根據Porter(1985)的說法,企業與相關團體的談判力,是決定企業競爭地位的主因,而Newman等人（1985）亦認爲企業的競爭對手包括資源的競爭者與顧客的競爭者。因此,掌握資源與顧客正可代表企業的競爭地位。

四、競爭意願

其次討論競爭意願。研究者認爲,競爭意願愈高,愈可能促使企業爭取有利的競爭地位,因而亦將之視爲考慮變數之一。

五、管理能力

最後探討管理能力。管理能力是企業因應外在環境而創造經營績效的能力總稱。管理能力愈強,自然使企業的競爭地位相形之下變得較強。

附帶說明的是,許多學者將本研究中的競爭地位變數視爲策

略變數,如:一貫作業程度、市場占有率、服務等。吳思華 (1984),研究者認為這些變數固可代表廠商的策略或意圖,但實際顯示的,應為策略作為下的競爭地位,故以視之為競爭地位仍屬適宜,至於是否逕稱之為「策略作為」、「策略行為」、「策略選(抉)擇」,應屬另一議題(issues),此處將因研究焦點不同而不予贅述。

第三節
研究假設

本研究欲探討企業在何種競爭地位情況下,較可能採取何種競爭情報來源。許多競爭地位因素可能影響企業的競爭情報來源,本研究所欲探討者,則侷限在產業內與企業內之因素。

通盤而論,企業欲瞭解競爭對手或品牌的實情與動向,有相當多的情報來源可資採用。所有競爭情報來源經彙總整理後,可歸納為一般大眾均能辨認之十五種來源。(余朝權 1990) 這些來源分別是:1.產業研究報告;2.同業公會報刊;3.報章雜誌報導;4.商業或科技出版品;5.公司名錄;6.同業公開報表與文件;7.政府統計數字;8.與競爭同業主管私下接觸;9.相同原料供應商;10.經銷商或中間商;11.顧客;12.信用調查報告;13.其他服務性機構;14.公司人員調查市場現況;15.委託專業調查機構。

迄今為止,尚無文獻探討競爭地位與情報來源之關係。本研究認為,企業的競爭地位與情報來源之間,有密切的關係;此即競爭情報來源愈多,企業愈能瞭解對手,進而設法強化其競爭地位。因此,本研究所提之假設為:「企業競爭地位與情報來源間,

有顯著之正相關。」

第四節
企業競爭地位之因素分析

一、因素分析結果

　　在進行爭取競爭地位的因素之前，首先對本研究所提八個新變數作檢討。我們將觀察這八個變數與原有十一個變數之相關情形。

　　首先作十一個有理論根據的變數之相關分析，如表 10：2 所示，除了產銷成本（第八個變數）與其他變數較無相關外，其餘彼此間均有高度相關，且均達到0.001的顯著水準。由於產銷成本的重要性早為大家所肯定，故予以保留，因而所有十一個變數彼此之間相當有關，可作為相互替代的變數。

　　其次作八個新變數與原有十一個變數之相關分析，如表10：3所示。由表中數字亦可看出，八個新變數除與產銷成本無顯著相關外，其餘均達 $\alpha = 0.01$ 的顯著相關水準。因此，將這些變數同時作因素分析，在統計上相當可行。

　　本研究利用 Promax 為直交轉軸的方式，找出特徵值大於一的因素有四個，累積解釋變異量為59.0％，如表 10：4 所示。其中，因素一解釋變異量為 40.5％，其中的因素負荷量高於 0.5 有七個變數，如表10：5所示，代表著企業的行銷管理能力及其結果，因此定名為「行銷管理力」。

□表10:2　傳統描述競爭地位的十一個變數之相關分析□

	X_1	X_2	X_3	X_4	X_5	X_6	X_7	X_8	X_9	X_{10}	X_{11}
X_1	1.000										
X_2	0.578***	1.000									
X_3	0.655***	0.560***	1.000								
X_4	0.392***	0.514***	0.386***	1.000							
X_5	0.459***	0.495***	0.478***	0.384***	1.000						
X_6	0.433***	0.677***	0.466***	0.532***	0.531***	1.000					
X_7	0.267***	0.380***	0.329***	0.338***	0.505***	0.522***	1.000				
X_8	0.015	-0.022	0.005	-0.94	-0.014	-0.080	-0.109*	1.000			
X_9	0.350***	0.319***	0.343***	0.344***	0.399***	0.245***	0.258***	0.045	1.000		
X_{10}	0.955***	0.372***	0.510***	0.383***	0.514***	0.368***	0.398***	-0.088***	0.462***	1.000	
X_{11}	0.382***	0.458***	0.386***	0.314***	0.531***	0.429***	0.380***	-0.025	0.348***	0.462***	1.000

□表10:3　代表競爭地位的8個新變數與11個舊變數之相關表□

	X_1	X_2	X_3	X_4	X_5	X_6	X_7	X_8	X_9	X_{10}	X_{11}
X_{12}	0.540***	0.442***	0.664***	0.367***	0.458***	0.399***	0.390***	-0.045	0.323***	0.611***	0.392***
X_{13}	0.460***	0.435***	0.450***	0.351***	0.399***	0.434***	0.251***	0.035	0.264***	0.348***	0.315***
X_{14}	0.298***	0.261***	0.351***	0.245***	0.268***	0.255***	0.243***	-0.075	0.127***	0.213***	0.204***
X_{15}	0.416***	0.421***	0.495***	0.291***	0.538***	0.450***	0.328***	-0.019	0.295***	0.314***	0.337***
X_{16}	0.355***	0.433***	0.324***	0.451***	0.484***	0.615***	0.575***	-0.082	0.301***	0.415***	0.368***
X_{17}	0.370***	0.524***	0.406***	0.392***	0.587***	0.632***	0.571***	0.007	0.301***	0.394***	0.430***
X_{18}	0.402***	0.448***	0.428***	0.343***	0.444***	0.466***	0.387***	-0.051	0.251***	0.377***	0.368***
X_{19}	0.252***	0.255***	0.308***	0.260***	0.217***	0.245***	0.255***	-0.056	0.317***	0.281***	0.243***

註：＊＊：達到 $\alpha=0.1$ 顯著水準。

　　＊＊＊：達到 $\alpha=0.001$ 顯著水準。

□表10:4　競爭地位因素分析結果□

因素	名　稱	特徵值	解釋變異量(%)	累積解釋變異量(%)
一	行銷管理力	7.69680	40.5	40.5
二	資源掌握力	1.36073	7.1	47.6
三	市場掌握力	1.11131	5.9	53.6
四	產銷成本	1.03503	5.5	59.0

□表10:5　競爭地位因素一之內容□

因素一：行銷管理力	因素負荷	解釋變異
1.對顧客的服務	0.82029	
2.顧客忠誠度	0.80063	
3.管理水準	0.80902	
4.產品品質	0.80264	40.5%
5.配銷通路效率	0.72267	
6.行銷能力	0.58086	
7.產品特色	0.55601	

　　因素二可解釋變異量7.10%，其中因素負荷量高於0.5的變數有七個，如表10：6所示，代表著企業對各項資源的掌握能力及經營規模，故定名為「資源掌握力」。

　　因素三可解釋變異量5.9%，因素負荷量高於0.5的變數有四個，如表10：7所示，代表企業掌握市場的意願與能力，故可定名為「市場掌握力」。

　　因素四可解釋變異量5.5%，其中因素負荷高於0.5的變數僅一個，為「產銷成本」，因素負荷量為0.91598，故直接採用名稱為「成

□表10:6　競爭地位因素二之內容□

因素二：資源掌握力	因素負荷	解釋變異
1.經營規模	0.79213	
2.市場占有率	0.74387	
3.一貫作業程度	0.70411	
4.技術水準	0.68929	7.1%
5.財力	0.66488	
6.原料來源掌握力	0.63121	
7.政府關係	0.59822	

□表10:7　競爭地位因素三之內容□

因素三：市場掌握力	因素負荷	解釋變異
1.過去三年營業額成長率	0.73166	
2.通路據點多寡	0.78878	
3.產品銷售地區涵蓋範圍	0.70610	5.9%
4.與同業激烈競爭意願	0.58243	

本領導」(Cost leadership)，此一名詞源於Porter(1980)的著作。

二、企業競爭地位因素討論

　　由前述結果顯示，企業的競爭地位，可利用「行銷管理力」、「資源掌握力」、「市場掌握力」與「產銷成本」等四個因素來解釋。此一結果與一般習用的競爭地位衡量方式頗有不同，值得進一步探討。

　　首先探討「行銷管理力」。這是行銷學者所一貫強調的主題，

但在策略學者的眼光中，卻經常被忽略，反而是實務界人士較重視。由於其所能解釋的變異量高達40％以上，因此，往後研究競爭地位的學者，似乎不宜再忽略顧客、產品、通路等行銷因素。

其次探討「資源掌握力」。誠如本研究在理論探討過程中所指出的，掌握資源是企業競爭的標的物之一，也是企業獲取競爭優勢的主要方式。而一旦企業能夠掌握政府、原料、技術、財力，則可擴大經營規模和擁有較高的市場占有率。一般學者習於以市場占有率代表相對競爭地位，實有其道理。

接著探討「市場掌握力」。此一因素顯示出經營者的競爭意願，包括通路據點與涵蓋地區，並且顯示成長狀況。因此，有些學者習於採用其中較能客觀衡量的歷(三)年營業額成長率作爲衡量方式，與本研究之結果不謀而合。

最後探討「產銷成本」。成本是處於產品同質性高（如大宗物資業）的產業內的企業之競爭利器，在一般產業中也扮演相當重要的角色。故往後在探討競爭地位時，絕不可忽略成本變數。

因此，未來學者們欲衡量企業的競爭地位時，似可考慮以下列四個變數或因素加權之：

1.行銷管理力

2.市場占有率

3.營業額成長率

4.（產銷）成本領導

第五節
競爭地位與情報來源之關係分析

　　企業競爭地位不同，其競爭情報來源亦將有所不同。當然，兩者之因果關係並不一定很明確，也有學者認為企業將因採用較多的情報來源，再透過分析與運用這些情報而提昇了競爭地位。不過，後者的因果關係較不明顯。因此，本文係視企業競爭地位為自變數，而競爭情報來源為依變數，企圖驗證底下的假說：

　　「企業競爭地位愈強，其競爭情報來源也愈多。」

　　表10：8係運用變異數分析結果之F值與P值表。為求簡化，其中，離均差平方和(SS)與不偏變異數(MS)均已略去。為了簡化起見，無顯著差異之F比率與P數值亦已略去。

　　表中顯示：構成企業競爭地位的十九項變數中，有十二項變數會影響企業是否採用某些競爭情報來源。底下依有顯著差異項目多寡之順序依次說明之：

　　1.銷售涵蓋區域愈廣的企業，顯著較多採用「服務性機構」等七種情報來源，分別是：服務性機構、同業公開報表文件、中間商、市場調查、信用調查報告、相同原料供應商、政府統計等。由此可見，一個銷售區域涵蓋愈廣的企業，如國際性企業，將比全國性企業或地區性企業更重視情報來源。

　　2.政府關係愈好的企業，顯著較多採用「政府統計」等四種情報來源，包括「商業或科技出版品」、「報章雜誌報導」、和「信用調查報告」。此點顯示，公開的情報來源是——政府關係良好的企

□表10:8　企業競爭地位與競爭情報來源之變異數分析□

競爭情報來源	企業競爭地位											
	對顧客的服務	產銷成本	對料源的掌握	通路據點多寡	行銷實力	激烈競爭意願	市場占有率	銷售涵蓋區域	經營規模	產品特色	政府關係	相對財力
報章雜誌報導	F=3.11 P=0.0053	F=2.25 P=0.378	—								F=2.37 P=0.0289	
商業或科技出版品											F=2.79 P=0.0115	
同業公開報表文件	—	—	—			F=4.31 P=0.0003	—	F=3.62 P=0.0016				—
政府統計	—		—			F=3.64 P=0.0016	—	F=2.13 P=0.0491		F=2.19 P=0.0433	F=2.86 P=0.0096	
原料供應商	—	F=3.32 P=0.0059			—		F=2.32 P=0.0325	F=2.15 P=0.0472	F=2.67 P=0.0147			—
中間商	—	F=3.46 P=0.0044			—		F=3.06 P=0.0061	F=2.94 P=0.0080				F=3.13 P=0.0086
顧客	F=2.46 P=0.0236	—			F=3.25 P=0.0039		‥					F=2.42 P=0.0353
信用調查報告	—	—					F=2.29 P=0.0346				F=2.15 P=0.0470	
服務性機構	—	—	—	F=3.94 P=0.0008	—	—	F=2.37 P=0.0289	F=3.72 P=0.0013	—	—	—	—
市場調查	—	F=2.42 P=0.0354	—	F=2.16 P=0.0454	—		F=2.55 P=0.0193	F=3.21 P=0.0043				—
專業調查機構							F=2.18 P=0.0441					
顯著項數	2	1	3	1	1	3	3	7	3	3	4	2

註：N=439

業所注重者,因此,具有良好政關係之競爭地位者,一定也頗注意與政府相關之資訊。

3.經營規模愈大的企業,顯著較多採用「市場調查」、「供應商」和「專業調查機構」等三種情報來源,此可能意味著規模較大的企業,較有財力自行調查、委託調查、或透過供應商來獲取競爭情報。

4.市場占有率愈高的企業,顯著較多採用「中間商」、「服務性機構」、和「原料供應商」等三種情報來源。此一結果或許意味著市場上的領導廠商(市場占有率較高),較有權力從中間商和供應商處獲取情報,同時也較有財力和較樂於借重服務性機構。

5.愈能掌握料源的企業,顯著較多採用「原料供應商」、「中間商」和「市場調查」等三種情報來源,此一結果可能源於能掌握料源的企業對上游供應商和下游中間商的通路權力較大,且重視市場調查之故。

6.競爭意願愈強的企業,顯著較多採用「同業公開報表文件」、「政府統計」和「顧客」等三種情報來源。此一結果顯示,上述三種情報來源常能揭露實際競爭態勢,故為競爭意願強烈的企業所樂於採用。

7.財力愈強的企業,顯著較多採用「中間商」及「顧客」作為情報來源。

8.對顧客服務愈好的企業,顯著較多採用「報章雜誌報導」及「顧客」作為情報來源。此點顯示,重視顧客和大眾意見的企業,才可能對顧客提供較佳的服務,服務絕非抽象的口號。

9.產銷成本愈低的企業,顯著較多採用「報章雜誌報導」作為

情報來源。至於其中的緣由，似乎較不明朗。

10.通路據點愈多的企業，顯著較多採用「服務性機構」作爲情報來源。此可能是因通路據點多，不得不多利用其他服務性機構所致。

11.行銷實力愈強的企業，顯著較多採用「公司人員市場調查」，此一結果符合一般對行銷實力的瞭解。

12.產品愈有特色的企業，顯著較多採用「政府統計」。至於理由，則似乎並不明確。

綜合上述十二點，吾人可以說，企業競爭地位愈強的企業，確實顯著地有較多企業採用較多種競爭情報來源。

在企業競爭地位變數經過因素分析後，吾人亦可根據各因素所包括數值，將競爭地位因素劃分爲強、中、弱三個等級作爲自變項，而與競爭情報來源作變異數分析，其結果如表10：9所示。

吾人首先觀察利用整體競爭地位所作的分析結果，發現整體競爭地位較高之企業，顯著較多採用「報章雜誌報導」來收集情報。這或許是因爲這些競爭地位較高之企業，頗注意對手的形象在報章雜誌上的報導所致。

若分就各競爭地位因素觀之，則行銷管理力愈強的企業，顯著較多採用「中間商」及「專業調查機構」作爲情報來源。資源掌握力愈強的企業，顯著較多採用「信用調查報告」及「專業調查機構」作爲情報來源。而市場掌握力愈強的企業，顯著較多採用「顧客」、「供應商」、和「政府統計」作爲競爭情報來源。至於成本較低的領導廠商，顯著較多採用「報章雜誌報導」。

因此，吾人亦可得到另一結論，即競爭地位較高但源於不同

產業競爭分析專論

□表10:9　企業競爭地位因素與競爭情報來源之變異數分析□

項次（變數）	競爭情報來源	整體競爭地位	行銷管理力	資源掌握力	市場掌握力	成本領導
X_1	產業研究報告	F=0.81 P=0.8481	F=0.74 P=0.8332	F=1.33 P=0.1185	F=0.69 P=0.8370	F=0.56 P=0.7601
X_2	同業公會報刊	F=0.75 P=0.9251	F=1.08 P=0.3598	F=1.11 P=0.3154	F=0.99 P=0.4753	F=0.73 P=0.6284
X_3	報章雜誌報導	F=1.73 P=0.0401*	F=1.39 P=0.0905	F=0.58 P=0.9597	F=0.82 P=0.6928	F=2.25 P=0.0378*
X_4	商業或科技出版品	F=0.75 P=0.9232	F=0.73 P=0.8459	F=0.84 P=0.7117	F=0.84 P=0.6601	F=0.12 P=0.9939
X_5	公司名錄	F=1.03 P=0.4116	F=1.31 P=0.1348	F=0.57 P=0.9646	F=0.79 P=0.7213	F=0.25 P=0.9572
X_6	同業公開報表與文件	F=0.49 P=0.9996	F=1.11 P=0.3259	F=0.03 P=0.4245	F=0.89 P=0.5969	F=1.09 P=0.3651
X_7	政府統計數字	F=1.31 P=0.0678	F=1.09 P=0.3482	F=1.25 P=0.1773	F=1.73 P=0.0264*	F=0.87 P=0.5196
X_8	與競爭同業主管私下接觸	F=0.91 P=0.6719	F=1.24 P=0.1870	F=1.05 P=0.3986	F=1.30 P=0.1716	F=0.91 P=0.4886
X_9	相同原料供應商	F=1.00 P=0.4813	F=1.21 P=0.2192	F=1.05 P=0.3990	F=1.64 P=0.0410*	F=0.99 P=0.4287
X_{10}	經銷商（中間商）	F=0.87 P=0.7448	F=1.73 P=0.0130*	F=1.21 P=0.2153	F=1.55 P=0.0621	F=1.55 P=0.1597
X_{11}	顧客	F=0.71 P=0.9518	F=1.43 P=0.0729	F=0.88 P=0.6493	F=2.68*** P=0.0001	F=1.15 P=0.3316
X_{12}	信用調查報告	F=1.16 P=0.2074	F=1.04 P=0.4109	F=1.70 P=0.0147*	F=0.70 P=0.8264	F=0.44 P=0.8549
X_{13}	其他服務性機構	F=1.09 P=0.3034	F=1.21 P=0.2199	F=1.01 P=0.4471	F=1.35 P=0.1424	F=0.25 P=0.9591
X_{14}	公司人員調查市場現況	F=0.82 P=0.8297	F=1.04 P=0.4107	F=0.95 P=0.5449	F=1.04 P=0.4076	F=0.36 P=0.9040
X_{15}	委託專業調查機構	F=1.25 P=0.1052	F=1.60 P=0.0283*	F=1.68 P=0.0167*	F=0.86 P=0.6347	F=0.67 P=0.6757

註：n=439

　　＊：達到 α=0.05顯著水準

＊＊＊：達到 α=0.0001顯著水準

因素之企業，顯著較多採用特定的競爭情報來源。此種競爭地位及其因素與競爭情報來源之關係，可用圖10：3清楚地表示出。

第六節
結　　論

　　競爭地位是企業擬定策略過程中的重要參考構念之一，有時更成為企業追求的目標之一。本研究利用因素分析技術，從學者們習用的十九個競爭地位變數中，分析出「行銷管理力」、「資源掌握力」、「市場掌握力」、「成本領導」等四項因素，其累積解釋變異量達59.0%，可作為往後學者們應用競爭地位構念時之參考。

　　其次，本研究在競爭地位之應用上，探索其與競爭情報來源之關係，得出結論乃競爭地位較高之企業，顯著採用較多的競爭情報來源；而源於不同因素而獲致較高競爭地位之企業，顯著採用較多特定的情報來源，其中的分野如下：

　　1.具成本領導地位的企業，顯著較多採用「報章雜誌報導」蒐集競爭情報。

　　2.具行銷管理力的企業，顯著較多採用「中間商」及「專業調查機構」蒐集競爭情報。

　　3.具資源掌握力的企業，顯著較多採用「專業調查機構」與「信用調查報告」蒐集競爭情報。

　　4.具市場掌握力的企業，顯著較多採用「顧客」、「相同原料供應商」和「政府統計數字」蒐集市場情報。

　　因此，企業競爭地位的獲得，絕非倖至，而是要採用較多特

□圖10:3　競爭地位因素與情報來源之關係圖示□

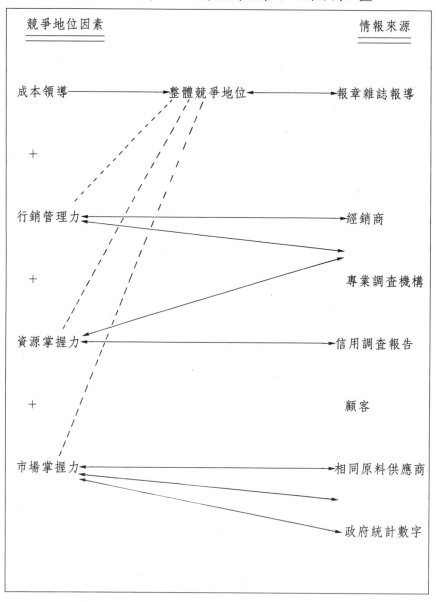

定的情報來源以深入瞭解競爭狀況。故企業對各類競爭情報來源，亦應有不同程度的重視，如此方可避免資訊泛濫或資訊不足之苦。

　　在後續研究方面，以競爭地位為主之策略研究，可考慮本研究所得出四項因素進行研究，則策略的擬定將更為有效。至於企業競爭地位之因素，亦可擴大至產業在國際市場上之競爭地位分析，以供政府產經政策上之參考。此外，競爭地位與企業經營績效之關係，亦有賴後續學者進一步探究之。

第 11 章

競爭瞭解度與經營績效之關係分析

瞭解競爭對手的實力與動向,是企業擬定經營策略與競爭策略的基本資訊,並可據以達成較佳之經營績效。但是,競爭資訊的數量繁多,企業必須去蕪存菁,選擇關鍵性資訊去蒐集,以免發生資訊超載現象。研究者認為,總體競爭瞭解度將與經營有密切關連,而且在所有競爭資訊中,以競爭者的行銷資訊最為重要,並假設其與經營績效(營業獲利率與投資報酬率)有顯著關係。本研究利用國內大型企業抽樣獲得281家樣本,實證結果顯示,企業對總體競爭之瞭解度,確與投資報酬率有顯著關係,此一關係主要來自企業對競爭對手之營業狀況通路狀況與推廣狀況有較深之瞭解。因此,企業為求「知己知彼,百戰不殆」,宜在這三項競爭瞭解度上多下功夫,而非僅對一般競爭狀況謀求瞭解而已。

第一節

緒　論

瞭 解競爭對手的實力與動向，是企業擬定經營策略、競爭策略的基礎。Hofer & Schendel(1978:87-88)認爲要對競爭對手的過去、現在與未來狀況做分析，以確認企業及競爭對手所擁有並可能發揮的優勢。

　　Porter(1980,1985)亦提出競爭分析的整體架構，俾可形成適切的策略。此外，企業亦應對競爭對手的反應(competitors' responses)作分析與因應。(MacMillan,McCaffery,&Van Wijk 1985)，或預估其是否不做反應(non-response)。(Chen &MacMillan,1992)

　　然而，除了極少數的文獻之外，研究者很少對於不同的競爭情報做評估。而將研究重點放在情報來源的確認、競爭地位的剖析與競爭策略的研擬，但皆未觸及各類競爭情報之重要性。孫子兵法云：「知己而不知彼，一勝一負。知己知彼，百戰不殆。」此一說法亦僅及言知彼（競爭對手）的重要性，然而，有關對手的資訊可能甚多，在蒐集上若能分辨各類競爭情報之重要性，則組織將能更有效能地獲取應蒐集之資訊，而不致於迷失於無關資訊中，形成競爭資訊超載現象。(川勝久　1990；許士軍　1988)

　　本研究即是要分析企業對競爭者的各項狀況之瞭解度（簡稱競爭瞭解度），探討此一瞭解度與企業經營績效之關係，從而驗證攸關資訊的重要性。

第二節
理論架構與假説

　　競爭分析(Competitive　analysis)或競爭者分析(Competitor　analysis)的目的，在於描述每一競爭者可能採取的策略及其變動之性質與成功性，每一競爭者面對其他廠商所發動的策略行動之可能反應，以及每一競爭者面對產業與大環境之可能變動所採取的可能反應。(Porter 1980:47)

　　企業擬定策略的核心工作，即在於進行深入的競爭分析，才能使企業選擇最佳定位，使之與競爭者有所不同，並使其價值發揮至最大。因此，擬定策略顯然有賴於週全的競爭分析而增進競爭瞭解度。(Dymsza, 1984: 171)。

　　廣義而言，競爭瞭解度(level of understanding competition)將包括瞭解企業所處產業內的競爭狀況如產業結構、產業競爭強度、競爭態勢、企業在產業內的競爭地位、以及競爭對手的過去、現況與未來動向等。但產業結構或產業組織的理論探討在經濟學界已行之有年(Massel　1962; Scherer 1980; Ash 1983)，競爭優勢或競爭武器之探討亦已有二十年(Andrews 1971;Snow ＆ Hrebinik 1980; Porter 1985;蔡敦浩 1990)研究者稍早亦已對產業競爭強度與企業競爭地位做過分析（余朝權　1989b;1991）因此，此處僅採狹義觀點，將競爭瞭解度定義爲「對競爭對手的過去、現況與未來動向之瞭解。」

　　Porter(1980:49)認爲，競爭分析的要素，在於瞭解競爭者(1)當前的策略、(2)未來的目標、(3)假定與(4)能力等四項，即可推測競

爭者可能的反應。此一說法仍認定競爭瞭解度並非分析重點,但在理論與實務上,學者專家已頗注重競爭分析時的各項資訊之相對重要性。(Kelly 1987;Oster 1990)。

　　Aaker(1984)認為,分析競爭對手時,可從下列六個構面著手:(1)規模、成長率、與獲利力;(2)目標與假定;(3)現在與過去的策略;(4)組織與文化;(5)成本與退出障礙;和(6)優勢與弱點,包括研究發展、製造、行銷、財務、管理 (人事)、顧客等方面。此一說法顯然較為詳盡。

　　Marcus ＆ Tauber(1979)認為,企業在進行競爭分析時,應分析對手之產品、通路、價格、推廣、組織、料源、工廠限制和銷售組織。此一說法已點出行銷資訊在競爭分析上的相對重要性。

　　Hofer ＆ Schendel(1978:142～144)則認為,競爭分析乃是要確認主要競爭者及其歷來的目的、策略、關鍵資源、主要優缺點,以便推估其未來的目的與策略。此外,潛在競爭者的情況亦應同時加以考慮。(Hofer 1976:10)Dymsza(1984:174)則列出主要資源、生產行銷、管理程序與發展等四大構面,作為瞭解主要競爭對手的資訊。

　　Wall ＆ Shin在「收集競爭情報」一文中指出,主管希望瞭解的競爭情報,可分為十二類,其迫切程度不同,而且也因其所屬之產業不同而異,各產業所重視之競爭情報等級,以及各功能部門主管所重視之競爭情報,亦均有所不同。(Glueck 1980:144-145)。

　　然而,上述競爭瞭解度之重要性,皆係研究者或受訪主管之

主觀評量，缺乏客觀之評估標準。若能以經營績效作爲效標(crite-rion)標準，將能使競爭情報的重要性客觀地顯示出來。

此外，競爭對手的現況與動向，可分從企業各機能面分別探討之，但以競爭策略之擬定爲主要考量時，對手的行銷機能將最爲重要。因此，本研究將生產、財務、人事等機能定義爲對手一般狀況，而將行銷作業分成產品、定價狀況、配銷推廣狀況；總共三個角度來探討競爭瞭解度。

本研究所提出之基本假設，係企業競爭對手的瞭解愈高，愈能制定適切的因應策略，從而獲致較佳的經營績效。又由於行銷是企業的首要機能，故本研究假設行銷中的產品瞭解度與配銷推廣瞭解度將與經營績效有顯著關係。經營績效可用營業獲利率與投資報酬率分別代表，故具體言之，本研究之假設有三：

假設一：企業之總體競爭瞭解度愈高，營業獲利率愈高。

假設二：企業之對手產品定價瞭解度愈高，營業獲利率愈高。

假設二之一：企業之對手產品瞭解度愈高，營業獲利率愈高。

假設二之二：企業之對手定價瞭解度愈高，營業獲利率愈高。

假設三：企業之對手配銷推廣瞭解度愈高，營業獲利率愈高。

假設三之一：企業之對手配銷瞭解度愈高，營業獲利率愈高。

假設三之二：企業之對手推廣瞭解度愈高，營業獲利率愈

高。

　　假設四至六與假設一至三相似，僅以投資報酬率代替營業獲利率作為效標變項。

　　在問卷設計上，競爭瞭解度係以李克 7 點尺度測量之，包括一般競爭瞭解度12項，競爭產品瞭解度10項，配銷推廣狀況10項。

（余朝權　1990)

　　經營績效以營業獲利率(Sales　margin)及投資報酬率(Return　on investment)為代表。其中，營業獲利率係以稅前純益(Earnings before tax,EBT)除以營業額，投資報酬率則以稅前純益除以資本額測量之，二者均為1987年數據。

　　統計分析係利用SAS程式，主要進行變異數分析。

第三節
競爭瞭解度與經營績效之關係

一、競爭瞭解度與營業獲利率之關係分析

　　首先就營業獲利率分析之。變異數分析之結果，顯示企業對競爭對手之總體瞭解度[1]，與營業獲利率之間並無顯著之關係，未達到P＝0.05顯著水準，如表11：1所示。

　　根據表 11:1 之結果，總體競爭瞭解度與營業獲利率雖有正向關係，但無顯著相關，故本研究之基本假設在 5%顯著水準下，應予拒絕。

　　不過，由於在10%水準下有顯著，故值得進一步分析之，如表

□表11:1　總體競爭瞭解度與營業獲利率之變異數分析結果□

變異來源	SS	自由度	MS	F值	P > F
模式	111.35	1	111.35	3.651	0.0570
誤差	8538.85	280	30.50		
合計	8650.20	281			

11:2所示。

　　表11:2顯示，企業對競爭對手之一般狀況瞭解度，與營業利潤率間，未達顯著之關係，而產品定價狀況瞭解度則與營業利潤率之關係，幾乎達到P = 0.05顯著水準；至於通路推廣瞭解度，則達到P = 0.05顯著水準。因此，吾人可以說，營業利潤率較高之企業，對競爭對手之通路與推廣作業，有顯著較高之瞭解度，而對其產品與定價作業，有近乎顯著較高之瞭解度，但對一般狀況則無顯著較高之瞭解度。

　　為使吾人對行銷作業中之產品、定價、配銷和推廣四項策略(4P'S)能分別考量，同時亦瞭解產品（與定價）瞭解度幾乎達到與營業利潤率有顯著關係之原委，乃進一步分別進行因素分析後再分析之。

二、競爭產品定價狀況之因素分析

　　競爭產品定價狀況共含十項變數，吾人利用Promax為直交轉軸，找出特徵值大於1的因素有二個，累積解釋變異量達63.98％，如表11：3所示。其中，因素一的解釋變異量為52.92％，包括因素負荷量高於0.69的5項變數，如表11：4所示。這些變數代表著與

□表11:2　三種競爭瞭解度與營業獲利率之變異數分析表□

(1)一般狀況瞭解度

變異來源	SS	自由度	MS	F值	P > F
模式	22.73	1	22.73	0.743	0.3893
誤差	8655.12	283	30.58		
合計	8677.85	284			

(2)產品定價狀況瞭解度

變異來源	SS	自由度	MS	F值	P > F
模式	116.86	1	116.86	3.863	0.0503
誤差	8560.99	283	30.25		
合計	8677.85	284			

(3)通路推廣瞭解度

變異來源	SS	自由度	MS	F值	P > F
模式	156.82	1	156.82	5.170	0.0237
誤差	8493.38	280	30.33		
合計	8650.20	281			

市場價格有關的狀況，故可定名爲「市價瞭解度」因素。表中同時也顯示出因素二的變數，因素二的解釋變異量爲11.96%，亦包括因素負荷量高於0.67的5項變數。這些變數主要代表競爭產品的營業狀況，故可定名爲「對手營業瞭解度」因素。

□表11:3　競爭產品定價狀況的因素分析結果□

因素	特徵性	解釋變異量(%)	累積解釋變異量(%)
一	5.2921	52.92	52.92
二	1.1062	11.06	63.98

□表11:4　競爭產品定價瞭解度因素之內容□

	因素負荷
因素一：市價瞭解度	
1.未來價格變動趨勢。	0.7966
2.顧客忠誠度。	0.7754
3.成本。	0.7353
4.過去三年價格變動情形。	0.7998
5.新產品開發速度與方式。	0.6960
因素二：對手營業瞭解度	
1.產品項目及產品線。	0.8881
2.產品特徵。	0.9077
3.營業額與市場占有率。	0.7134
4.價格。	0.6791
5.售後服務。	0.6773

三、競爭者通路推廣狀況之因素分析

主要競爭者的通路與推廣狀況共含十項變數，吾人利用 Promax為直交轉軸，找出特徵值大於1的因素有二個，累積解釋變異量達69.48％，如表11：5所示。其中，因素一的解釋變異量為58.49％，包括因素負荷大於0.71之變數6個，如表11：6所示。這些變

□表11:5　主要競爭者的通路與推廣狀況之因素分析結果□

因素	特徵性	解釋變異量(%)	累積解釋變異量(%)
一	5.8488	58.49	58.49
二	1.0991	10.99	69.48

□表11:6　競爭通路與推廣瞭解度因素之內容□

因素一：對手推廣瞭解度	因素負荷
1.廣告預算。	0.8489
2.廣告代理商及效果。	0.8576
3.常用廣告媒體。	0.8185
4.公共與政府關係。	0.7862
5.營業管理狀況。	0.7128
6.常用促銷方式及效果。	0.7399

因素二：對手通路瞭解度	
1.配銷或經銷實力。	0.9044
2.配銷或經銷方式。	0.8676
3.經銷交易條件。	0.8566
4.經銷商關係與趨勢。	0.8593

數代表著競爭對手所採用的推廣狀況，故可定名其為「對手推廣瞭解度」因素。

　　至於因素二的解釋變異量為10.99%，包括因素負荷大於0.85之變數4個，亦列示於表11：6。這些變數代表著競爭對手所採用的通路或配銷管道狀況，故可將此因素定名為「對手通路瞭解度」。

四、競爭瞭解度因素與營業獲利率之關係分析

　　表11：7顯示，與營業獲利率有顯著關係者，包括對手推廣瞭解度，對手營業瞭解度與對手通路瞭解度，均達5%顯著水準，而市價瞭解度則未達5%顯著水準。仔細推究其原因，可能是一般企業對於競爭產品之市價、過去與未來價格變動、顧客忠誠度、成本等，多有程度上頗高之瞭解，（在7點尺度下平均數超過5.36），顯現不出彼此差異，故其瞭解度與營業獲利率未呈顯著關係。其他營業、通路和推廣瞭解度，則有顯著關係。

　　因此，吾人可以推論，欲獲得較高之營業獲利率，企業應對競爭對手之營業、通路和推廣作業，有較多之瞭解，而本研究假設二之二及假設三亦獲得支持。

五、競爭瞭解度與投資報酬率之關係

　　其次分析競爭瞭解度與投資報酬率之關係。變異數分析之結果，如表11:8所示，在5%水準下顯著，亦即企業對總體競爭瞭解度，與投資報酬率間有顯著關係存在，故假設四獲得支持。

　　雖然總體競爭瞭解度與投資報酬率之間有顯著關係，從實務觀點，亦應進一步分析其內涵，故再就三種競爭瞭解度分析之，

□表11:7　對手產品、定價、配銷、推廣瞭解度與
營業利潤之變異數分析結果□

(1)市價瞭解度

變異來源	SS	自由度	MS	F值	P > F
模式	78.75	1	78.75	2.592	0.1085
誤差	8599.10	283	30.39		
合計	8677.85	284			

(2)對手營業瞭解度

變異來源	SS	自由度	MS	F值	P > F
模式	128.60	1	128.60	4.257	0.0400
誤差	8549.25	283	30.21		
合計	8677.85	284			

(3)對手推廣瞭解度

變異來源	SS	自由度	MS	F值	P > F
模式	118.64	1	118.64	3.894	0.0494
誤差	8531.56	280	30.47		
合計	8650.20	281			

(4)對手通路瞭解度

變異來源	SS	自由度	MS	F值	P > F
模式	149.72	1	149.72	4.968	0.0266
誤差	8528.13	283	30.13		
合計	8677.85	284			

結果如表11：9所示。

由表11:9可以看出，企業對競爭對手之一般狀況瞭解度，與投資報酬率之間的關係，未達5％顯著水準，而產品定價瞭解度與通路推廣瞭解度，則與投資報酬率之間，達到1％顯著水準。因此，本研究假設五與假設六均獲得支持。

不過，吾人亦從實務觀點，再將產品定價瞭解度及配銷推廣瞭解度因素，分別與投資報酬率進行變異數分析，以瞭解各因素之重要性，結果如表11:10所示。

表11:10顯示，企業對競爭產品市價瞭解度，與投資報酬率之間，未達5％顯著水準，而對手營業、推廣與通路瞭解度，均達到

□表11:8　總體競爭瞭解度與投資報酬率之變異數分析結果□

變異來源	SS	自由度	MS	F值	P＞F
模式	3980.66	1	3980.66	5.501	0.0197
誤差	202628.85	280	723.67		
合計	206609.51	281			

□表11:9　三種競爭瞭解度與投資報酬率之變異數分析簡表□

	F值	P＞F	N
一般狀況瞭解度	1.150	0.2845	284
產品定價瞭解度	6.881	0.0092	284
通路推廣瞭解度	7.271	0.0074	281

□表11:10　競爭瞭解度因素與投資報酬率之變異數分析簡表□

競爭瞭解度因素	F值	P > F	N
市價瞭解度	1.805	0.1802	284
對手營業瞭解度	13.353	0.0003	284
對手推廣瞭解度	5.823	0.0165	281
對手配銷瞭解度	6.603	0.0107	284

5%顯著水準，其結果與營業獲利率之情形一樣。因此，假設五之二及假設六亦分別獲得支持。

　　根據以上之統計結果，吾人可以說，瞭解競爭以克敵致勝，其實際作法乃在瞭解競爭對手之營業、通路與推廣作業，至於競爭對手之市價狀況，僅為一般常識，不致於影響到經營績效。

第四節
台灣各類企業的競爭瞭解度

　　台灣各類企業對於競爭狀況的瞭解，亦有頗大差異。本研究利用變異數分析之結果，發現下列企業特性與競爭瞭解度有顯著較高之關聯：內銷比例、員工人數、資本額、公營企業、產品生命週期，如表 11：11 所示。

一、內銷比例

　　凡內銷比例愈高之企業，對競爭之瞭解度也愈高，除市價瞭

解度外，其餘均達P＝.001 顯著水準。此點顯示，外銷依存度或外銷比例較高之企業，在面臨其他國家及地主國之競爭時，基於空間上之距離與語言上之障礙，故不如內銷企業對週遭之對手有較佳之瞭解。至於市價瞭解度之所以未達顯著差異水準，或許是因內外銷企業均能瞭解市價所致。

二、員工人數與資本額

凡企業之員工人數愈多，對整體競爭及其因素之瞭解度也愈高，而且均達到P＝.05 顯著水準。此一結果顯示大企業人多勢衆，較能有充裕人力去收集分析進而瞭解競爭狀況。

同樣地，以資本額作分析之結果，亦爲資本額愈高之企業，

表11：11　企業特性與競爭瞭解度之變異數分析彙總表

	1.內銷比例	2.員工人數	3.資本額	4.公營企業	5.產品生命週期	6.通路長度
總體競爭瞭解度	* * *	* * *	* *	* *	* *	—
一般狀況瞭解度	* * *	* * *	* *	* *	*	
產品定價瞭解度	* * *	* *	* *	* *	*	*
(一)市價瞭解度	—	*	*	* *	—	* *
(二)對手營業瞭解度	* * *	* * *	* *	* *	* *	—
競爭通路與推廣瞭解度	* * *	* * *	*	*	—	—
(一)對手推廣瞭解度	* * *	* * *	*		*	—
(二)對手通路瞭解度	* * *	* * *	*	*	* *	—

***P＜.001　　**P＜.01　　*P＜.05

資料來源：余朝權(1989 a：80～94)

對整體競爭及其因素之瞭解度也愈高，而且均達到$P=.05$顯著水準。此一結果可能是因投資愈大，經營者也愈謹慎，故較願意及較有財力去收集分析而瞭解競爭情報。

三、公營企業

公營企業對競爭之瞭解度，除對手推廣情況外，均高於民營企業，且達到$P=.05$顯著水準。此一結果與一般認為民營企業較重視競爭的看法剛好相反。推究其原因，可能是公營企業均屬規模較大，而且競爭較少，甚至處於獨占局面，因而容易對競爭者有較高之瞭解度。

四、產品生命週期

企業所提供之產品愈處於生命週期後期，亦即上市期間愈長，對整體競爭情況也愈瞭解，且達到$P=.05$顯著水準。此種瞭解度主要是來自對競爭者的一般狀況、營業及推廣之瞭解。換言之，各企業者在同一產業較久，彼此對一般狀況和營業推廣狀況也就有愈深入之瞭解。

五、配銷通路長度

企業的配銷通路愈短，就愈接近市場，如自營配銷者，對於產品定價中的市價瞭解度，有顯著較高之瞭解，且達到$P=.05$顯著水準。換言之，透過較長配銷體系者，對競爭品牌市價有較不瞭解之傾向。

除此之外，本研究亦檢討一些人口統計變數，結果發現，無

論是企業之成立年限、主持人之年齡或學歷、行銷主管之年齡、學歷或年資,均與企業之競爭瞭解度無顯著關係。[3]

第五節
結論與建議

本研究係從台灣中大型企業觀點,探討競爭瞭解度與經營績效之關係,研究結論有:

㈠企業對總體競爭之瞭解度,與投資報酬率有顯著關係,與營業利潤率雖有正向關係,但未達顯著水準。

㈡企業對競爭對手之一般狀況瞭解度,與經營績效間無顯著關係存在。

㈢企業對競爭對手之營業狀況、通路狀況與推廣狀況瞭解度,與經營績效間有顯著之關係。

㈣企業對競爭產品之市價瞭解度,與經營績效間無顯著關係存在。

因此,為求「知己知彼,百戰不殆」,企業對競爭對手之營業作業、配銷作業和推廣作業,有顯著較高之瞭解度,才有助於擬定適切之競爭策略,進而獲致較高之投資報酬率與營業利潤率。反之,若僅對競爭對手之一般狀況與產品市價狀況有瞭解,而對營業、配銷與推廣狀況無顯著較多之瞭解,則將無法提高投資報酬率或營業利潤率。因此,本研究對於競爭瞭解度之重要性,已作出細部之分析,確認出各行銷變項之重要,可供學術界與實務界人士參考。尤其是實務界,將毋須盲目地蒐集所有競爭情報,

而宜以對手的營業、配銷、推廣狀況為主。

在未來研究上，吾人可將競爭優勢與競爭策略引進分析模式中，探討在不同的競爭瞭解度下，如何運用既有之競爭優勢以制定競爭策略，從而獲得較佳之經營績效。此外，競爭者的動向與本企業是一種互動歷程，故競爭者之反應(competitor's response)模式，亦宜有深入探討，以使競爭分析模式邁向動態分析。

註　釋

1. 企業主管對競爭之瞭解度，在 7 點尺度下，其平均數在 4.00 至 6.18 之間，屬頗高之瞭解，其細部資料，請參閱余朝權(1991: 78-79)。

2. 本研究亦曾逕將競爭瞭解度之三十二項變數直接作因素分析，得出五個因素，其中二個因素即是本研究中的「對手通路瞭解度」與「對手推廣瞭解度」，為節省篇幅，其後續結果不再贅述，詳情請參閱余朝權(1989 a: 78-80)。

3. 高科技企業對下列競爭情報有顯著較高之瞭解：

   (1)對手之產能與擴充計劃；(2)對手之營業組織結構；(3)競爭品牌之成本；(4)競爭產品未來價格變動趨勢。參閱余朝權(1989 a：80-82)。

《 參考書目 》

一、中文部分

川勝久著,袁美範譯,**情報整理學**,台北:遠流出版公司,1990。

行政院主計處編,「台灣地區重要經濟指標月報」。

吳思華,產業特質與企業經營策略關係之研究,政治大學企業管理研
究所未出版博士論文,1984。

余朝權,**競爭性行銷**,台北:長程出版社,1992。

余朝權,產業分析構面之探討,**台北市銀月刊**,第 22 卷第 7 期,1991(a)
7 月,9～19 頁。

余朝權,企業競爭地位之分析與應用,**台北市銀月刊**,第 22 卷第 3 期,
1991 年(b) 3 月,8～24 頁。

余朝權,企業競爭情報來源與其影響因素之研究,**東吳經濟商學學報**,
第九／十期,1991 年(C) 3 月,149～197。

余朝權,「競爭情報來源與競爭瞭解度之關係分析」,黃俊英編,**台灣
管理經驗實證研究**,台北:中華民國管理科學學會,1990(b),
73-116 頁。

余朝權,企業競爭分析之研究,國家科學委員會研究報告,1989(a)。

余朝權,產業競爭強度及其對競爭情報來源之影響,中華民國管理科

學學會編,「因應自由化國際化之競爭策略」論文集,1989 (b),
1～17 頁。

余朝權,「產業成本分析」系列,**工商時報**十一版,1989 (C) 11 月 16 日、
30 日,12 月 7 日、14 日、21 日。

余朝權,產業財務分析的五大要點,**突破雜誌**,第 46 期,1989 年(d) 5
月,102～105 頁。

余朝權,偵測產業的慣性現象,**突破雜誌**,第 46 期,1989 年(e) 4 月,
113～114 頁。

余朝權,**生產力系統：從資訊產業到企業之實證研究**,台北:商略印
書館,1988 (a)。

余朝權,台灣汽車市場進入障礙之實證研究,中華民國市場拓展學會,
七十七年度全國行銷學術論文研討會論文,1988 (b),1～38 頁。

余朝權,主動發掘產業情報來源,**突破雜誌**,31 期,1988 年 (C) 1 月,73～
75 頁。

余朝權,「敵情定輸贏」,**工商時報**,1986 年 4 月 30 日。

余朝權,「迎接競爭導向的時代」,**工商時報**,1987 年 1 月 12 日。

余朝權,**優勢競爭**,台北:經濟與生活出版公司,1985 (a)。

余朝權,「汽車業的行銷策略分析」,**工商時報**,1985 年 (b) 10 月 29
日。

余朝權,**企業生產力衡量與分析**,台北:中國生產力中心,1984。

何鄭陵,**證券投資──產經分析**,台北:華泰書局,1987。

洪明洲,國際化行銷競爭的優勢來源與策略擬定,中華民國管理科學
學會「因應自由化國際化之競爭策略」學術研討會論文,1989。

參考書目

許士軍，**現代行銷管理**，台北：商略印書館，1986。

許士軍，行銷觀念「策略規劃與策略管理」，中華民國市場拓展學會，
「**行銷策略之探討**」，1988，3-11 頁。

張克美，「論補貼出口政策之經濟效果」，**台北市銀月刊**，第 17 卷第 10
期，1986 年 12 月，1～5 頁。

陳定國，**企業管理**，台北：三民書局，1985。

陳明璋，企業環境、策略、結構對組織效能關係之研究——機械、電
子、石化三種產業之實證研究，政治大學企業管理研究所未出
版博士論文，民國 1981 年。

蔡敦浩，**競爭策略與科技創新論文集**，台北：中山管理學術研究中心，
1990。

二、英文部分

Aaker, David A. *Strategic Market Management*, New York:John Wiley, 1984.

Abell, D. F., "Strategic Windows," *Journal of Marketing*, V.42, No.3 ,1978, pp. 21-26.

Abernathy, William J. and Wayne. K., "Limits of the Learning Curve," *Harvard Business Review*. Vol.25, No.5 September-October 1974, pp.109-119.

Abernathy, William J. *The Productivity Dilemma: Roadblock to Innovation in the Automobil Industry*, Baltimore: Johns Hopkins University Press. 1978.

Anderson, Thomas J. Jr., *Our Competitive System and Public Policy*, Cincinnati, South-Western, 1958.

Andrews, Kenneth R., *The Concept of Corporate Strategy*,Homewood,Illinois :lrwin, 1971.

Asch Peter, *Industrial Organization and Antitrust Policy*, New York: John Wiley & Sons, 1983.

Bain, Joe S., *Barriers to New Competition*, Cambridge, Mass.: Harvard University Press, 1956.

Bain, Joe S. *Industrial Organization*, New York: Wiley, 1959.

Bass, Frank, M., Cattin, Phillippe, and Wittink, Dick, "Firm Effects and Industry Effects in the Analysis of Market Structure and Profitability," *Journal of Marketing Research*, 15, February 1978, pp.3-10.

附　録

Bottom, Norman R. Jr. and Robert R. J. Gullati, *Industrial Espionage: Intelligence Techniques and Countermeasures*, Boston: Butterworth Publishers, 1984.

Buzzell, Robert D. and Gale, B. T., The PIMS Principle, New York: The Free Press, 1987.

Byars, Lloyd L., *Strategic Management*, second edition, New York: Harper & Row, 1987.

Carpenter, Gregory S. *Modeling Competitive Marketing Strategy Theory and Estimation*, New York: Columbia Business School Ph. D. Thesis, 1983.

Carpenter, Gregory S., ``Perceptual Position and Competitive Brand Strategy,'' working paper, Columbia University, 1986.

Chen, Ming-Jer and MacMillan, Ian C., ``Nonresponse and Delayed Response to Competitive Moves: The Roles of Competitor Dependence and Action Irroversibility'' *Academy of Management Journal.* Vol.35, No.3,1992, pp.539-570.

Clelland, David I. and W. R. King, ``Competitive Business Intelligence Systems,'' *Business Horizons,* December 1975, pp. 19-26.

Dermer, Jerry, *Competitiveness Through Technology*, Lexington, Massachusetts: Lexington Books, 1986.

Dixit, Avinash, The Role of Investment in Entry-Deterrence, *The Economic Journal*, March 1980, pp.95-106.

Dymsza. W. A., ``Global Strategic Planning: A Model and

Recent Developments," *Journal of International Business Studies*, Fall 1984, pp.169-183.

Eliashberg, Jehoshua and R. Chatterjee, Analytical Models of Competition with Implications for Marketing: Issues, Findings, and outlook, *Journal of Marketing Research*, Vol. XXII, August 1985, pp. 237-261.

Esposito. L., and Esposito. F. F., "Excess Capacity and Market Structure," *Review of Economics and Statistics*, 54, May 1974, pp. 188-194.

Fama, Eugene E., and Laffer, Arthur B., "The Number of Firms and Competition" in Yale Brozon, *The Competitve Economy*, Morristown, N.J.N.J. : General Learning Press 1975, PP.43-47.

Fuld, Leonard M., *Competitor Intelligence*, New York: John Wiley & Sons, 1985.

Forbes, "GE: Not Recession Proof, But Recession Resistant," March 15, 1975.

"G.E. Not Recession Proff, But Recession Resistant," *Forbes*, March 15, 1975.

Glueck, William F., *Business Policy*, New York: McGraw-Hill, 1976.

Glueck, William F. *Strategic Management and Business Policy*, New York: MeGraw-Hill, 1980.

Gorechi, Paul K., "The Determinants of Entry by Domestic and Foreign Enterprises in Canadian Manufacturing Industries:

附　　錄

Some Comments and Empirical Results," *Review of Economics and Statistics*, November 1976, pp. 485-88.

Harrell, G. D. and Kernan, J., "Why Product Flourish Here Fizzle There," *Columbia Journal of World Business*, Vol. II, No.2, March／April 1967.

Harrigan, Kathryn R. "The Strategic Exit Decision: Additional Evidence," in Lamb, R. B. ed., *Competitive Strategic Management*, Englewood Cliff, N. J.: Prentice-Hall, 1984, pp.468-497.

Harrigan, Kathryn Rudie, "Barriers to Entry and Competitive Strategies," *Strategic Management Journal.* V.24, N.3, 1981, pp.395-412.

Harrigan, Kathryn Rudie, *Strategic Flexibility*, Lexington, Massachusetts: Lexington Books, 1985.

Hedley, Bany, "Strategy and the Business Portfolio," Long Range Planning, Vol.10, No.2, February 1977.

Hofer, Charles, *A Conceptual Scheme for Formulating a Total Business Strategy*, Boston: Intercollegiate Case Clearing House, ♯9-378-726,1976.

Hofer, Charles W. and Schendel, Dan, *Strategy Formulation: Analytical Concepts*, St. Paul, Minnesota: West Publishing Co, 1978.

Hout, Thomas, Porter, Michael E. and Rudden, Eileen, "How Global Companies Win Out," *Harvard Business Review*, Vol. 65, No.5, September-October 1982, pp.98-108.

Hulbert, James M., *Marketing: A Strategic Perspectives*, Katonah, N. Y.: Impact Publishing Company, 1985.

Kamien, Morton J. and Schwartz, Nancy L., "Market Structure and Innovation," *Journal of Economic Literature*, 13, March 1975, pp.1-37.

Marcus, Burton H. and Tauber, Edward M., *Marketing Analysis and Decision Making*, Taipei: Hwa-Tai, 1979.

Kelly, John M., *How to Check Our Your Competition*, New York: John Wiley & Sons, 1987.

Kotler, Philip, *Principles of Marketing*, Englewood Cliffs, N.J., : Prentice-Hall, 1983.

Kotler, Philip, *Marketing Management: Analysis, Planning and Control*, 5th ed., Englewood Cliffs, N.J.: Prentice-Hall, 1984.

Kotler, Philip and Achrol, R. S., Marketing Strategy and the Science of Warfare, in Lamb, R. B. ed. *Competitive Strategic Management*, Englewood Cliffs, N. J.: Prentice-Hall, 1984, pp.94-133.

Kotler, Philip. *The New Competition*, Englewood Cliffs, N. J.: Prentice-Hall, 1985.

Lawrence, Paul R. and Jay W. Lorsch, *Organization and Environment*, Boston: Harvard University Press, 1967.

Leavitt, Theodore, *The Marketing Imagination*, New York: The Free Press, 1986.

MacMillan, Ian C., "How Business Strategists Can Use Guerrilla Walfare Tactics. *Journal of Business Strategy*, Vol.1, No.

2, 1980, pp.63–65.

MacMillan, I. C. Seizing Competitive Initiative, in Lamb, R. B. ed. *Competitive Strategic Management*, Englewood Cliffs, N.J.: Prentice-Hall 1984, pp.272–296.

Marcus, Burton H. and E. M. Tauber, *Marketing Analysis and Decision Making*, Taipei: Hwa-Tai, 1979.

Massel, Mark S., *Competition and Monopoly*, Washington. D. C., The Brookings Institution, 1962.

McNulty, Paul J., "Economic Theory and the Meaning of Competition," in Yale Brozon, (ed.) *The Competitive Economy*, Morristown, N. J., General Learning Press, 1975 pp. 64–75.

McNulty, Paul J., "Economic Theory and the Meaning of Competition." in Yale Brozon, The Competitive Economy, Morristown, N. J., General Learning Press, 1975, pp.64–75.

Moorthy, K. Sridhar, "Using Game Theory to Model Competition," *Journal of Marketing Research* Vol. XXII, August 1985, pp.262–282.

Newman, William H., Logan, J. P. and Hegarty, W. H., Strategy, *Policy and Central Management*, Cincinnati: South-Western, 1985.

OECD, *Concentration and Competition Policy*, Paris, OECD, 1979.

O'Shaughnessy, John, *Competitive Marketing: A Strategic Approach*, Winchester, Mass, Allen & Unwin, 1984.

Oster, Sharon M., *Modern Competitive Analysis*, New York: Oxford University Press, 1990.

Oxenfeldt, Alfred R. and J. E. Schwartz, *Competitive Analysis,* New York: Presidents Association, 1981.

Porter, Michael E., "The Structure Within Industries and Companies, Performance," *The Review of Economics and Statistics,* Vol. LXI, May 1979, pp.214-227.

Porter, Michael E., *Competitive Strategy: Techniques for Analyzing Industries and Competitors,* New York: The Free Press, 1980.

Porter, Michael, *Competitive Advantage,* New York: The Free Press, 1985.

Qualls, David, Concentration,"Barriers to Entry, and Long Run Economic Profit Margins," *Journal of Industrial Economics,* April 1972, pp. 146-158.

Rao, Ram and Rutenberg, David P., "Preempting an Alert Rival: Stratigic Timing of the Fir Plant by Analysis of Sophisticated Rivalry" *Bell Journal of Economics,* Vol. II, No.2, 1980, pp. 412-428.

Ronald, Taylor, "Age and Experience as Determinants of Managerial Information Processing and Decision Making Performance," *Academy of Management Journal,* Vol. 18, No. 1(1975).

Rothchild, William E. *Putting it all Together: A Guide to Strategic Thinking,* New York: AMACOM, 1976.

Rothschild, William E., *How to Gain (and Maintain) the Competitive Advantage in Business,* New York: McGraw-Hill Book Company, 1984.

Scherer, F. M. *Industrial Market Structure and Economic Performance*, Chicago: Rand McNally College Publishing 1980.

Snow, Charles and Lawrence G. Hrebinik, Strategy, "Distinctive Competence, and Organizational Performance" *Administrative Science Quarterly*, 1980, p.p317-337.

Spence, A. M. Competition, Entry, and Antitrust Policy, in Lamb, R. B. ed. *Competitive Strategic Management*, Englewood Cliffs, N. J.: Prentice-Hall, 1984, pp. 446-467.

Taqi, S. J. *Competitive Strategies For Europe*, Switzerland: Business International, 1983.

U. S. Bureau of the Census, *Statistical Abstract of the United States*: 1986. (106th edition) Washington, D. C.: Department of Commerce, 1985.

United Nations, *Statistical Yearbook*: 1982, New York: United Nations, 1985.

United Nations, *Demographic Yearbook*: 1984, New York: United Nations, 1986.

Wall, Jerry L. "What the Competition is Doing: You Need to Know," *Harvard Business Review*, November-December 1974.

Wall, Jerry L., and Shin, B. P., "Seeking Competitive Information," in Glueck, William E., *Strategic Managment and Business Policy*, New York: McGraw-Hill, 1980, pp.144-153.

Wright, Robert V.L., A *System for Managing Diversity*. Cambridge, Mass. : Arthur D. Little, 1974.

索　　引

A

adoption process　採用過程　56

annual planning　年度計畫　8

anti−trust　反托辣斯　9

B

backward integration　向後整合　67

BCG　波士頓顧問團　234

boarder industry　邊界產業　25

brand　品牌　174

C

CAD　電腦輔助設計　44,58

CAM　電腦輔助製造　44,58

collude　合謀　26

collusion　共謀　174

competition−oriented　競爭取向　9

competitive analysis　競爭分析　7,65,258

competitive information sources　競爭情報來源　193,233

competitive position　競爭地位　233

competitiveness　競爭性　10

competitiveness, competitive intensify　產業競爭強度　173

competitor analysis　競爭者分析　258

competitors response　競爭者之反應　273

competitors' responses　競爭對手的反應　257

composition　組成　43

concentration　集中度　72

constraints　限制條件　74

constructs　構念　133,194

cost leadership　成本領導　244

cost of capital　資金成本　38

costs　成本　37

counter vailing power　對抗力　175

coverage ratios　利息保障比率　33

criterion　效標　260

cumulative　累積　57

D

data collection　資料蒐集方法　127

descriptive research　敍述性研究　65,127

desire　慾求　174

diversified　多角化　5

Dow chemical　道氏化學　131

Earnings Before Tax, EBT　稅前純益　262

efficient scale　經濟規模　43

eigenvalues　特徵值　136

empirical approach　實證方式　127

entry barrier　進入障礙　47,63,66

excessive capacity　超額產能　72

experience curve　經驗曲線　103

exploratory research　探索性研究　65

ecternal－oriented　外界取向　11

factors　因素　136

favorable leverage　財務槓桿作用　32

forward integration　向前整合　67

functions　功能　41

future－oriented　未來取向　10

generic　基本　174

GMP　國民生產毛額　64

growth　成長　63

H

healthy rivalry　良性敵對　174

holding cost　持有成本　38

homogeneous　同質的　4

horizontal integration　水平整合　68

I

incumbents　既有的企業　67

industry　產業　4

industry analysis　產業分析　7,65

industry analyst　產業分析者　5

industry and competitive analysis　產業競爭分析　3

information sources　情報來源　15

informtion data search　情報尋找公司　124

input　投入　45

intensity　強烈程度　10

inter－industry　業際　174

interviewer bias　訪員偏差　127

interviewing　人員訪問　127

intra－industry　產業內　174

invalid　無效　4

investment decision　投資決策　9

issues　議題　240

L

legal affairs　法院訴訟　9

lessons of history　歷史的教訓　7

level of understanding competition　競爭瞭解度　193,258

leverage　槓桿作用　32

limited warfare　有限戰爭　174

M

market discipline　遵守行規　177

marketing myopia　行銷近視病　11

merger or aquisition　購併或合併　9

minimum－efficient－scale, MES　最小經濟規模　69

N

necessary evil　必要之惡　41

non－response　不反應　257

O

objective－oriented　目標取向　11

objectives determine tools 目的決定手段 8

objects 對象 8

OEM 原廠委託製造 131,152

oligopolistic core 寡占核心 72

open sources 公開來源 123

open system 開放系統 11

operating economies 營運經濟 69

outlets 出口 68

output 產出 45

parallelism 呼應 175

potential competitors 潛在競爭者 67

potential entrant 潛在的進入者 63,67

pretest 預試 127

process technology 製程技術 69

product 產品線 6

product form 品型 174

product technology 產品技術 69

profit－oriented 利潤取向 10

random sampling 隨機抽樣 128

reinvest　再投資　63

return on investment　投資報酬率　261

sales margin　營業獲利率　261

sampling　抽樣調查　127

scale economies　規模經濟　46

significant　重要的　40

soft drink　軟性飲料　5

special decision　特定決策　9

stakeholders　相關人士　233

Strategic Business Unit; SBU　策略性業務單位　5

strategic planning　策略計畫　8

strategic window　策略窗口　68

survival　生存　63

synergy　綜效　49

synthesis　合成　6

tacit cooperation　沈默合作　174

total war　全面戰爭　174

undifferentiated　無差異化的　72

verbal　語言　194

vertical integration　垂直整合　47

wine　淡酒　74

written　文字　195

國家圖書館出版品預行編目資料

產業競爭分析專論／余朝權著.
--初版.--臺北市：五南，1994〔民83〕
面； 公分
參考書目：面
ISBN 978-957-11-0846-9（平裝）
1.企業管理
494　　　　　　　　　　83005882

1F44
產業競爭分析專論

作　　者 — 余朝權(54)

發 行 人 — 楊榮川

總 編 輯 — 龐君豪

主　　編 — 張毓芬

責任編輯 — 林玉卿

出 版 者 — 五南圖書出版股份有限公司

地　　址：106台北市大安區和平東路二段339號4樓

電　　話：(02)2705-5066　傳　　真：(02)2706-6100

網　　址：http://www.wunan.com.tw

電子郵件：wunan@wunan.com.tw

劃撥帳號：01068953

戶　　名：五南圖書出版股份有限公司

台中市駐區辦公室/台中市中區中山路6號

電　　話：(04)2223-0891　傳　　真：(04)2223-3549

高雄市駐區辦公室/高雄市新興區中山一路290號

電　　話：(07)2358-702　傳　　真：(07)2350-236

法律顧問　元貞聯合法律事務所　張澤平律師

出版日期　1993年 7月初版一刷
　　　　　2009年10月初版九刷

定　　價　新臺幣490元